Ana Cristina Pastoriza
José Rodolfo Soberón
Melina A. Sgariglia

Actividad antifúngica de extractos de plantas medicinales del NOA

Ana Cristina Pastoriza
José Rodolfo Soberón
Melina A. Sgariglia

Actividad antifúngica de extractos de plantas medicinales del NOA

Identificación de compuestos con actividad inhibitoria sobre Candida albicans

PUBLICIA

Imprint
Any brand names and product names mentioned in this book are subject to trademark, brand or patent protection and are trademarks or registered trademarks of their respective holders. The use of brand names, product names, common names, trade names, product descriptions etc. even without a particular marking in this work is in no way to be construed to mean that such names may be regarded as unrestricted in respect of trademark and brand protection legislation and could thus be used by anyone.

Cover image: www.ingimage.com

Publisher:
PUBLICIA
is a trademark of
International Book Market Service Ltd., member of OmniScriptum Publishing Group
17 Meldrum Street, Beau Bassin 71504, Mauritius

Printed at: see last page
ISBN: 978-620-2-43098-2

AGRADECIMIENTOS

A mis padres, Cristina y Patricio, por darme la vida y acompañarme siempre, por sus consejos y valores, por alentarme y darme la fuerza necesaria para superar las dificultades y salir adelante. Muchas gracias por confiar en mí y darme la oportunidad de estudiar lo que me gusta.

A mi hermano Cristhian por estar siempre presente brindándome su afecto y compañerismo. A mi abuela Julia por brindarme su cariño y apoyo incondicional, por confiar en mí y tenerme siempre presente en sus oraciones. A mis tíos y primos, que estuvieron siempre presentes brindándome su aliento y afecto.

Al Instituto de Estudios Vegetales "Dr. Antonio Rodolfo Sampietro"- Cátedra de Fitoquímica de la Facultad de Bioquímica, Química y Farmacia (UNT) por el espacio otorgado para la realización del presente trabajo.

A mi Director Dr. José Rodolfo Soberón y Co- directora Dra. Melina Araceli Sgariglia por confiar en mí desde un primer momento y permitirme formar parte de su grupo de trabajo, por la enseñanza y el tiempo brindados, por la buena predisposición e infinita paciencia. Muchísimas gracias por la experiencia brindada.

A los Dres. Guillermo Labadie y Sebastián Jäger, del Instituto de Química Rosario (IQUIR-CONICET), Facultad de Ciencias Bioquímicas y Farmacéuticas, Universidad Nacional de Rosario (Rosario, Santa Fe, Argentina) por la asistencia con los experimentos de espectroscopía de masas. A la Lic. María Belén Carrasco Juárez, por su colaboración en los experimentos de viabilidad celular.

A mis compañeros de laboratorio: Lau, Marisol, Gaby, Ani, Meli, Jessi, Euge, Fabián y Franco, por hacer más amenas las horas de trabajo, compartir sus conocimientos, brindarme su apoyo y estar siempre dispuestos a ayudar.

A mis amigos y compañeros de la facultad: Noni, Maru, Noe, Guada, Estela, Naty, Fer, y a todos aquellos que estuvieron en las distintas etapas de la carrera, por hacer más agradables y llevaderas las largas horas de estudio, por brindarme su compañerismo y amistad. Gracias por haber formado parte de este camino y haber hecho de él una gran experiencia.

A mis amigos y hermanos de la vida: Pame, Vicky, Agustin, Emi, Darío, Toño y Meli, por brindarme su amistad incondicional a lo largo de toda una vida, por compartir los buenos y malos momentos, por las palabras de aliento y valiosos consejos. Gracias por estar siempre.

Dedicado a mis padres

INDICE

NOMENCLATURA

5FC	5-Fluocitosina
ATCC	American Type Culture Collection
C+	Control de crecimiento
CC	Cromatografía en columna
CCF	Cromatografía en capa fina
C-CIM_A	Concentración inhibitoria mínima de la fracción G5 en la combinación
C-CIM_B	Concentración inhibitoria mínima de FLU en la combinación
CE	Control de esterilidad
CFM	Concentración fungicida mínima
CIF	Concentración inhibitoria fraccional
CIM	Concentración inhibitoria mínima
CIM_A	Concentración inhibitoria mínima de la fracción G5 individual
CIM_B	Concentración inhibitoria mínima de FLU individual

DMSO	Dimetil sulfóxido
Eaf	Extracto acuoso en frío
Ee	Extracto etanólico
EM	Espectrometría de masa
EMA	Espectros de masa adquiridos experimentalmente
EX	Extractos
FLU	Fluconazol
G5	Fracción de *A. arvensis* obtenida al final de la purificación biodirigida
IES	Ionización por electrospray
m/z	Relación masa-carga
ME	Material soluble extraído
NP/PEG	Reactivo de productos naturales con polietilenglicol
PIC	Patrones isotópicos calculados
RE	Rendimiento extractivo

Rf Relación de frente

SD Caldo sabouraud dextrosa

SDA Sabouraud dextrosa agar

UFC Unidades formadoras de colonias

RESUMEN

Las infecciones fúngicas en humanos causadas por patógenos oportunistas se acrecentaron en las dos últimas décadas. Entre ellos destacan los del género *Candida,* causales de infecciones sistémicas invasivas mortales. Desde la década del 50 se han desarrollado drogas con actividad antifúngica, no obstante estas terapias se ven negativamente afectadas por múltiples factores: elevada toxicidad, acción fungistática, desarrollo de cepas resistentes, elevados costes y limitado número de dianas moleculares que los antifúngicos actuales pueden atacar. Estas situaciones hacen necesaria una búsqueda seria de compuestos dotados de mayor seguridad, potencia y selectividad, y que además puedan estar al alcance de la mayoría de la población. Las plantas medicinales representan fuentes únicas de moléculas bioactivas para las investigaciones orientadas al desarrollo de drogas innovadoras.

En el noroeste argentino existen especies vegetales con propiedades antifúngicas descritas en sus usos tradicionales. Entre ellas destacan: *Raphanus sativus* L. (Brassicaceae) y *Anagallis arvensis* L. (Primulaceae).

Se prepararon extractos a partir de las silicuas de *R. sativus* y partes aéreas de *A. arvensis.* Los extractos etanólicos de ambas especies presentaron actividad antifúngica sobre *C. albicans.* Se realizó la purificación (guiada por actividad antifúngica) de los metabolitos activos, que permitió obtener la fracción G5, de *A. arvensis*, la cual además de poseer actividad antifúngica por sí misma, presentó una asociación sinérgica con Fluconazol en pruebas de microdilución (Concentración Inhibitoria Fraccional <0,5), lo que derivó en una combinación fungicida.

Se aplicaron técnicas de espectrometría de masas, pruebas cromatográficas, y revelados de grupos funcionales, para caracterizar estructuralmente los metabolitos bioactivos de G5. Los resultados obtenidos sumados a antecedentes bibliográficos permitieron la elucidación estructural de 4 glicósidos triterpénicos derivados del ácido oleanólico: Angallisina A, B, C y Desglucoanagallosido A, siendo Anagallisina C el componente mayoritario. Dichos metabolitos serían los responsables de la actividad antifúngica ejercida por el extracto etanólico de *A. arvesis* sobre *C. albicans*.

1. INTRODUCCION

Durante las últimas décadas se han incrementado significativamente las infecciones fúngicas en humanos como resultado de deficiencias en el sistema inmunológico asociadas con la quimioterapia y radioterapia anticancerígena, o en pacientes con compromisos inmunológicos por diversas patologías, pacientes trasplantados o bajo nutrición parenteral (Zacchino, 2007). Entre las infecciones fúngicas destacan las producidas por cepas del género *Candida,* causales de infecciones sistémicas invasivas mortales. *Candida albicans* representa la especie con mayor incidencia en tales infecciones (Pappas y col., 2004). Desde la década del 50 se han desarrollado drogas con actividad antifúngica, no obstante estas terapias se ven negativamente afectadas por múltiples factores. Los polienos, especialmente Anfotericina B y los azoles, tales como fluconazol (FLU), voriconazol, itraconazol y ketoconazol, son ampliamente usados en tratamientos antifúngicos (Pappas y col., 2004), sin embargo a estos agentes se les han descripto toxicidades y limitaciones en sus eficacias, especialmente para los azoles (Walsh y col., 2004, Pappas y col., 2009). También se describieron efectos tóxicos de 5-fluocitosina (5FC) a nivel hepático y óseo cuando es administrada por vía parenteral (Vermes y col., 2000). Las modernas equinocandinas, tales como Micafungina, Caspofungina y Anidulafungina, son inhibidoras de la β-1,3-glucano sintasa de las paredes celulares (Walsh y col., 2004), sin embargo solo suelen estar disponibles para su administración parenteral, a lo que se suma su elevado coste, que las hace de difícil acceso. Existe un limitado número de dianas moleculares que los antifúngicos actuales pueden atacar, lo que crea un mayor desafío para el descubrimiento y/o desarrollo de nuevas drogas. Estas situaciones, sumadas a la aparición de cepas patógenas altamente resistentes a los antifúngicos de uso clínico (Sanglard y col., 2009) hacen necesaria una búsqueda seria de compuestos dotados de mayor seguridad, potencia y selectividad (Abu-Elteen y Hamad, 2005), y que además puedan estar a mayor alcance de la población (Thomas y col., 2009).

Desde este punto de vista, las plantas utilizadas en la medicina tradicional con actividad vulneraria emergen como fuentes promisorias de tales compuestos (Soberon y col., 2007, Derita y col., 2009). Los experimentos que incluyen información proporcionada por la medicina tradicional no solo proveen pistas valiosas para el descubrimiento de nuevas drogas, sino también pueden contribuir a la actualización del paradigma "descubrimiento de nuevas entidades" hasta el de "combinación de los agentes", que tiende a la combinación de moléculas bioactivas (Kong, 2009). La terapia multi-drogas es intensamente utilizada alrededor del mundo para el tratamiento de infecciones, y se fundamenta en la denominada "terapia de blancos múltiples", es decir que los constituyentes individuales de un preparado terapéutico afectan varios elementos celulares diana, y por ello cooperan de forma antagónica o sinérgica con el efecto final (Wagner y Ulrich-Merzenich, 2009). En lo referido al campo de la investigación, los ensayos de asociaciones son herramientas de alta capacidad para la detección de extractos o compuestos que, al combinarse con drogas comerciales en bajas dosis poseen actividad antifúngica, no evidenciable al ser evaluados de manera individual (Zacchino, 2010), lo que implica un incremento en la sensibilidad de detección de nuevas sustancias con tales efectos, sumado a la posibilidad real de usarlas en combinación con drogas comerciales, y así disminuir las dosis terapéutica de éstas últimas (y de este modo los altos costes y efectos no deseados). El aislamiento guiado por actividad biológica y la elucidación estructural de los componentes responsables de las actividades antimicrobianas representan contribuciones significativas para la lucha contra los microorganismos patógenos (Soberón y col., 2010).

1.1 ESPECIE PATOGENA

Candida Albicans

Clasificación taxonómica:

División: *Eumycota*

Subdivisión: *Deuteromycotina*

Clase: *Blastomycetes*

Familia: *Cryptococcaceae*

Género: *Candida*

Especie: *albicans*

Suele presentarse como una célula oval levaduriforme de 2 a 4 micras, con paredes finas; sin embargo, en tejidos infectados también se han identificado formas filamentosas de longitud variable, con extremos redondos de 3 a 5 micras de diámetro y seudohifas. Se reproducen asexualmente por un proceso específico de división celular conocido como gemación.

La membrana citoplasmática presenta una doble capa compuesta por lípidos y posee invaginaciones, que se observan como surcos de 200 a 300 nanómetros de longitud, por 35 a 40 nanómetros de espesor. Además de los lípidos, la membrana citoplasmática está compuesta por grandes cantidades de proteínas y carbohidratos en menor proporción.

La naturaleza eucariótica, tanto de *C. albicans* como de las células del huésped, es una característica que favorece la toxicidad de los fármacos empleados en terapéutica, siendo el mejor ejemplo de esto la Anfotericina B, cuyo mecanismo de acción implica unión al ergosterol, esteroide similar al colesterol, lo que hace que este fármaco exhiba una gran nefrotoxicidad.

Figura 1.1: Identificación microscópica de *Candida*.

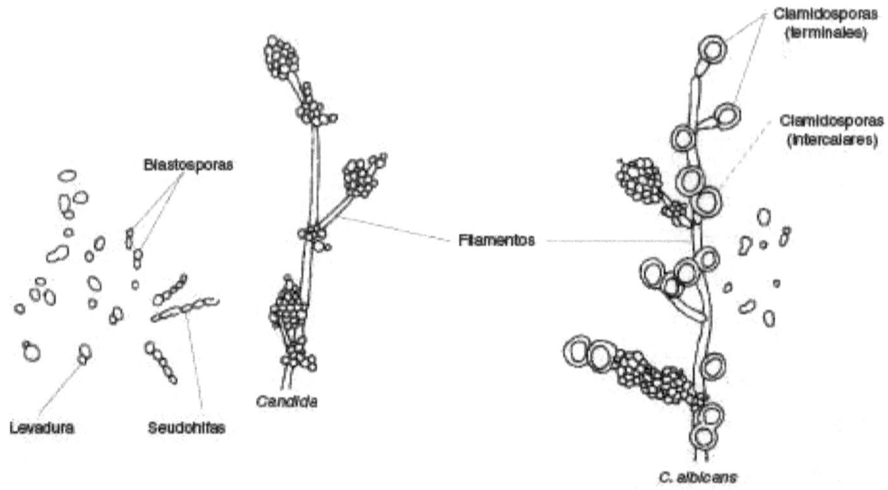

Fuente: Arenas, 2008.

El hombre es el principal reservorio de este tipo de hongo. Podemos encontrarlo de forma habitual en piel, estómago, colon, recto, boca y garganta de individuos sanos. *Candida spp.*, en principio no es patógeno, ya que la flora bacteriana beneficiosa y el sistema inmunitario limitan su crecimiento frenando su excesiva proliferación, manteniendo así un equilibrio. Cuando el equilibrio existente se pierde, *C. albicans* empieza a proliferar pudiendo dar lugar a un conjunto de enfermedades denominadas **Candidiasis** o **micosis candidiásica**, que pueden consistir en leves infecciones de mucosas y piel o desencadenar diseminaciones sistémicas graves, pudiendo afectar órganos vitales (Arenas, 2008).

1.1.1 Factores de riesgo

Los siguientes factores representan riesgos que favorecen la proliferación de *Candida spp.* (Cornistein y col., 2013):

- Factores inmunodepresores, tales como el síndrome de inmunodeficiencia adquirida (SIDA), tratamientos oncológicos o terapias que emplean esteroides u otros inmunodepresores.
- Uso de antibióticos de amplio espectro, que destruyen también a la flora beneficiosa que impide la colonización de los patógenos oportunistas.
- Estrés, tabaco y alcohol, ya que generan tóxicos que deprimen el sistema inmunológico, haciendo al organismo más susceptible a la invasión de microorganismos patógenos.
- Dieta deficiente, en especial la carencia de alimentos que ayudan a mantener la flora intestinal sana, como por ejemplo el yogurt y otros productos fermentados.
- Higiene oral deficiente, que puede proporcionar el medio óptimo para el desarrollo de patógenos.
- Afecciones mucocutáneas, como las causadas por el humo, la diabetes o las quemaduras.
- Alteraciones hormonales por embarazo, uso de anticonceptivos orales o menopausia.

1.1.2 Formas clínicas

- Candidiasis genital: una de las más habituales, afecta a la mucosa vaginal y/o al endocérvix, provocando la aparición de flujo espeso y blanquecino y la aparición de enrojecimiento, quemazón e hipersensibilidad. Este tipo de candidiasis también se da en los genitales masculinos.

- Candidiasis oral: se manifiesta en forma de manchas de color blanco rosado sobre la lengua, encías, mucosa oral o comisuras de los labios.

Puede ser asintomática o producir dolor, ardor o mal sabor de boca. Algunas veces, puede causar grietas, úlceras y hendiduras.

- Candidiasis esofágica, aparece en la profundidad de la garganta. Se manifiesta con dolor pectoral y dificultad para deglutir.

- Onicomicosis o infección en uñas: produce una lesión donde se observa un aumento en el grosor y opacidad de la uña. Provoca dolor y supuración.

- Candidiasis urinaria: afecta normalmente a la vejiga y a la uretra, aunque también puede afectar al riñón. El origen principal suele ser los catéteres (en pacientes en diálisis), los tratamientos con esteroides (porque inmunodeprimen) o la diabetes (los problemas con el metabolismo de la glucosa puede favorecer el crecimiento de este hongo).

- Candidiasis intestinal: cuando existe una proliferación masiva de las Cándidas que habitan el intestino. Sus principales síntomas son el estreñimiento o diarrea, indigestión, hinchazón e intolerancias a distintos alimentos. A nivel sistémico se puede observar fatiga, pérdida de peso, depresión e irritabilidad.

Fuente: www.miherbolario.com.

1.2 ESPECIES VEGETALES BAJO ESTUDIO

En el noroeste argentino existen especies vegetales con propiedades antifúngicas descritas en sus usos tradicionales (Barboza y col., 2009). Entre ellas destacan: Raphanus sativus L. (Brassicaceae) y Anagallis arvensis L. (Primulaceae).

1.2.1 Raphanus Sativus L.

Clasificación taxonómica:

Reino: Plantae

División: Magnoliophyta

Clase: Magnoliopsida

Orden: Brassicales

Familia: Brassicaceae

Género: Raphanus

Especie: sativus

Nombre vulgar: rábano, nabón

Fuente: http://calphotos.berkeley.edu

Descripción

Originaria de extremo Oriente. Hierba anual a bienal de 40-100 cm de altura, en tallos glabros a vellosos hasta híspidos. Hojas basales pinnatífidas con lobos dentado-crenados, largas de hasta 35 cm, ásperas; las caulinares pinnatífidas, de Elípticas a lanceoladas y aún lineares, ásperas. Flores blancas, roseas hasta violáceas, a veces amarillentas, de 2 cm de diámetro, dispuestas en racimos. Pétalos obovados con nervaduras muy marcadas, oscuras, de uña tan larga como la lámina. Sépalos erectos de 1 cm de largo. Fruto silícua indehiscente, gruesa y carnosa, cónicas, lisas o con estrangulamientos alargados, larga de 3-6 cm. Florece desde el invierno hasta el verano, y aún hasta el otoño. (Descrito en la ficha de la página oficial del Sistema de Información de Biodiversidad, SIB. www.sib.gov.ar).

Distribución

Argentina: Buenos Aires, Catamarca, Chubut, Córdoba, Corrientes, Entre Ríos, Jujuy, La Pampa, La Rioja, Mendoza, Misiones, Neuquen, Río Negro, Salta, Santa Cruz, Santa Fe, San Juan, San Luis, Tierra del Fuego, Tucumán.

Países limítrofes: Brasil, Chile, Paraguay, Uruguay. (Descrito en la pagina del Instituto de Botánica Darwinion. www.darwin.edu.ar).

Antecedentes

- Es utilizada tradicionalmente como laxante, estimulante, digestivo y aperitivo. (Nadkarni y col. 1976; Kapoor, 2000). También se le describieron efectos hepatoprotectores y antimicrobianos (Pérez Gutiérrez y Perez, 2004, Shukla y col. 2011).
- El extracto etanólico de silicuas, ha sido reportado como inhibidor del crecimiento en cepas fitopatógenas (Sgroi y col., 2010; Sgroi y col., 2011).

- Varios estudios describen la actividad antimutagénica de un extracto acuoso de la raíz seca, del jugo del fruto y del jugo de la planta fresca probado en *Salmonella typhimurium* TA98 y TA100 en presencia de productos mutagénicos.
- El extracto de acetato de etilo y metanólico de la raíz inhibió la promoción de tumores en cultivo de células en presencia de acetato de 12-O-hexadecanoiforbol y con activación por el virus de Epstein-Barr (Koshimizu K., 1988). Contrario a esto, un extracto metanólico de la raíz fue mutagénico cuando se probó con la misma bacteria tipo TA98.
- De la raíz, el jugo ejerció una actividad antibiótica contra las bacterias *Bacillus subtilis, Pseudomona aeruginosa* y *Salmonella typhosa* (Abdou I. A., 1972), los extractos etanólico y acuoso actuaron contra *Staphylococcus aureus*, y finalmente la decocción de la planta completa tuvo reacción sobre *Sarcina lutea* y *Staphylococcus epidermidis*.
- El extracto acuoso de las hojas presenta un efecto antiviral probado con el virus de influenza (Prahoveanu E., 1987).

1.2.2 *Anagallis arvensis* L.

Clasificación taxonómica:

Reino: *Plantae*

División: *Magnoliophyta*

Clase: *Magnoliopsida*

Orden: *Ericales*

Familia: *Primulaceae*

Género: *Anagallis*

Especie: *arvensis*

Nombre vulgar: pimpinela escarlata

Fuente: www.floraargentina.edu.ar

Descripción

Planta anual o bianual, glabra, de tallos tendidos con sección cuadrangular, a veces algo alados, de 10-50 cm de largo. Hojas opuestas, a veces ternadas, sésiles, ovadas, íntegras, de 5-15 mm de largo. Flores anaranjadas, solitarias, con pedúnculos más largos que las hojas, de 4-10 mm. Cáliz profundamente dividido, sépalos lanceolados. Florece en el verano. (Descrito en la página oficial del sistema de información de biodiversidad, SIB. www.sib.gov.ar).

Distribución

Argentina: Buenos Aires, Chubut, Córdoba, Corrientes, Entre Ríos, Jujuy, La Pampa, Mendoza, Misiones, Río Negro, Salta, Santa Cruz, Santa Fe, San Juan, San Luis, Tucumán.

Países limítrofes: Brasil, Chile, Uruguay. (Descrito en la pagina del Instituto de Botánica Darwinion. www.darwin.edu.ar).

Antecedentes

- Es utilizada tradicionalmente en Navarra (España) con propósitos dermatológicos, en heridas, debido a sus propiedades curativas. En algunos casos también es usada para tratar infecciones internas, sin embargo es conocida por ser toxica a elevadas dosis (López y col. 2011).
- Se le ha descrito uso tradicional como fungicida, siendo especialmente fungitóxica al inicio de la floración (Rondina y col., 2010). También se le describieron efectos antisépticos y psicotrópicos (Palevitch y Yaniv, 1991; Yaghmour, 1997).
- El extracto etanólico ha sido reportado por poseer actividad antiviral in vitro contra el virus del herpes tipo1 y el virus de la polio (Amoros y col. 1979) y por tener actividad antifúngica contra hongos fitopatógenos pertenecientes a los géneros *Fomes, Cytospora, Pestalotiopsis* y *Ceratocystis* (Abraham y col. 1983).
- El extracto acuoso ha sido reportado como inhibidor del crecimiento de los hongos fitopatógenos *Fusarium oxysporum* y *Helminthosporium sativum* (Al-Abed y col. 1993), de *C. albicans* (Ali-Shtayeh y col. 1998) y de dermatofitos (Ali-Shtayeh y Abu Ghdeib 1999).
- El extracto metanólico ha sido reportado por tener actividad antimicrobiana contra *Bacillus subtillis, Escherichia coli* y *C. albicans* (López y col. 2011).
- Existen investigaciones documentadas referidas al aislamiento e identificación estructural de metabolitos de esta especie. En general se identificaron glicósidos triterpenicos (Shoji y col., 1994; Azimova, 2013) y flavonoides (Ishikura, 1981; Kawashty y col., 1998).

HIPÓTESIS

- Los extractos preparados a partir de silicuas de *R. sativus* y partes aéreas de *A. arvensis* poseen metabolitos con actividad antifúngica sobre cepas patógenas humanas.

- Las actividades antifúngicas de los extractos se pueden validar por técnicas biológicas estandarizadas.

- Los metabolitos bioactivos contenidos en los extractos se pueden purificar y caracterizar estructuralmente.

- Las asociaciones entre los metabolitos purificados y FLU, es posible potencien las bioactividades.

OBJETIVOS GENERALES

- Evaluar las actividades antifúngicas que presentan los extractos preparados a partir de silicuas de *R. sativus* y partes aéreas de *A. arvensis* (tanto individualmente como en combinación) sobre levaduras patógenas humanas del género *Candida*. Realizar la purificación guiada por actividad antifúngica y clasificación estructural de metabolitos activos.

OBJETIVOS ESPECÍFICOS

- Preparar extractos (EX) que solubilicen los principios activos contenidos en silicuas de *Raphanus sativus* y partes aéreas de *Anagallis arvensis*.
- Cuantificar el material soluble extraído y el rendimiento para cada una de las extracciones.
- Evaluar las actividades antifúngicas ejercidas por los EX sobre el crecimiento de levaduras patógenas humanas del género *Candida*, tanto de modo individual como en combinación con FLU.
- Seleccionar el extracto con mayor actividad antifúngica y rendimiento extractivo para realizar aislamiento y purificación (guiados por actividad antifúngica) de los metabolitos activos.
- Caracterizar estructuralmente los metabolitos bioactivos.

2. MATERIALES Y METODOS

2.1. MATERIAL VEGETAL

- Partes herbáceas de *A. arvensis* L. [Primulaceae] colectadas en el mes de setiembre de 2013 en Horco Molle (latitud -26,79°, longitud -65,32°), Yerba Buena, Tucumán, Argentina.
- Silicuas de *R. sativus*. L. [Brassicaceae] colectadas en el mes de setiembre de 2012 en un predio de la Estación Experimental Agroindustrial Obispo Colombres, en Monte Redondo (latitud -27,80°, longitud -65,45°), La Cocha, Tucumán, Argentina.

Tras la recolección, el material vegetal fue sometido a un proceso preliminar que consistió en la eliminación de materias y contaminantes no deseables, y lavado (para eliminar el exceso de tierra). Posteriormente el material vegetal se dejó secando en estufa a 40 °C durante 24 h, luego de lo cual se redujo hasta polvo en molinillo eléctrico y se guardó en lugar fresco, en frasco de vidrio obscuro.

2.2. PREPARACION DE EXTRACTOS VEGETALES

Un extracto vegetal es una mezcla compleja de sustancias químicas. Pueden ser líquidos, sólidos o semisólidos, y se obtienen por procesos químicos, físicos o microbiológicos, a partir de una fuente vegetal.

A partir del material vegetal seco y triturado se llevaron a cabo diferentes extracciones acorde a Farmacopea Argentina VIII Ed. (2011), teniendo en cuenta que los usos etnomedicinales más comunes son las formas acuosas y etanólicas. Los extractos fueron: Tinturas (maceración y lixiviación), infusiones y extracciones acuosas en frío. A partir de extractos crudos se realizaron extracciones líquido-líquido con solventes en orden creciente de polaridad: hexano, cloroformo y n-butanol.

2.2.1. Infusión: Es una forma farmacéutica líquida, obtenida por la acción del agua caliente durante 20 minutos, sobre drogas vegetales poco activas, convenientemente divididas (molidas).

Se agregó agua destilada hirviendo (100 °C) al material vegetal pulverizado (R. sativus y A. arvensis), dejando la mezcla reposar cubierta a temperatura ambiente durante 20 min, y luego filtrando al vacío a través de papel Whatman N° 17. (Figura 2.1).

Figura 2.1: Preparación de la infusión

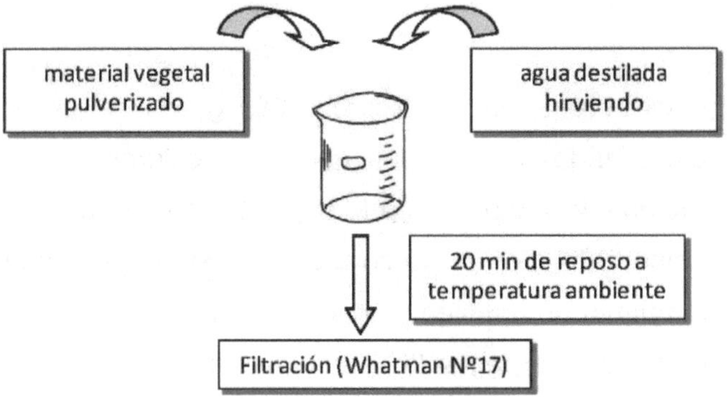

2.2.2. Tinturas: Son soluciones alcohólicas o hidroalcohólicas preparadas a partir de drogas vegetales u otro origen.

- **Maceración:** En un recipiente de vidrio se colocó 15 g de material vegetal pulverizado (A. arvensis) y se agregaron 250 mL de etanol 96°. El recipiente tapado se maceró por agitación (40 ciclos.min^{-1}) a temperatura ambiente durante 24

h. La mezcla obtenida se filtró al vacío a través de papel Whatman N° 17. El procedimiento se repitió hasta agotamiento. (Figura 2.2).

Figura 2.2: Preparación de los macerados

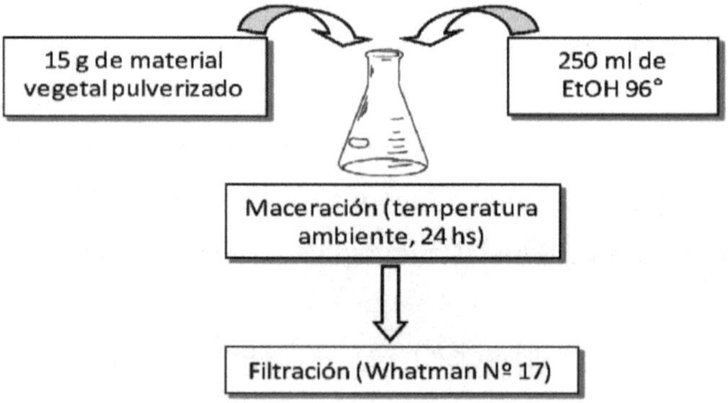

- **Lixiviación:** Se colocaron 30 g de material vegetal pulverizado (R. sativus) en una columna con robinete (percolador), y por la parte superior se agregaron 140 mL de etanol 96°. Con el percolador tapado se dejó macerando a temperatura ambiente durante 24 h. Se dejo percolar lentamente agregando gradualmente el solvente por la parte superior. (Figura 2.3).

Figura 2.3: Esquema de la lixiviación

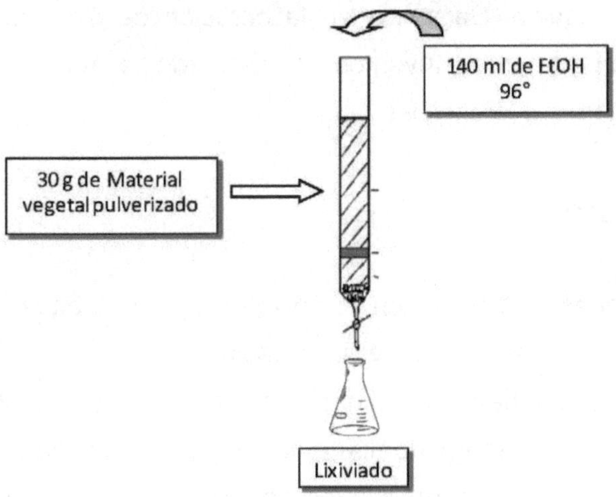

2.2.3. Extracto acuoso en frío (Eaf): En un recipiente de vidrio se colocó 1 g de material vegetal pulverizado (A. arvensis) y se agregaron 10 mL de agua destilada. El recipiente tapado se maceró por agitación (40 ciclos.min^{-1}) a temperatura ambiente durante 24 h. La mezcla obtenida se filtró al vacío a través de papel Whatman N° 17. (Figura 2.4).

Figura 2.4: Preparación del extracto acuoso en frío

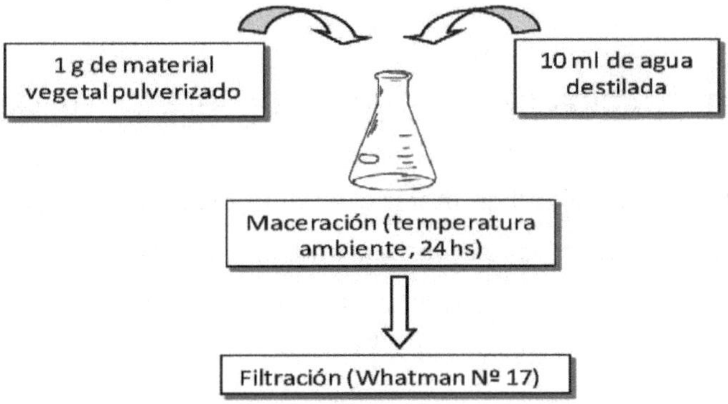

2.2.4. Extracción líquido-líquido: La extracción se realiza a partir de una muestra líquida. Se aplica en la partición de extractos complejos para separar constituyentes de acuerdo a sus polaridades y solubilidades diferenciales.

Procedimiento:

I. La muestra disuelta en el solvente (etanol : agua, 3:2, v:v) se vertió en una ampolla de decantación.
II. Se agregó hexano (primer solvente orgánico empleado) y se agitó bien asegurando que el tapón y la llave de la ampolla estén cerrados. De vez en cuando se abrió la llave de la ampolla de manera que los gases eventualmente formados escapen.
III. Se dejó decantar hasta separación de fases.
IV. La fase orgánica (superior), se colectó en un erlenmeyer, y la fase acuosa (inferior), se devolvió a la ampolla para continuar con la extracción.

Se repitieron los pasos II, III y IV pero agregando como solventes orgánicos cloroformo y luego n-butanol. En el caso del cloroformo la fase inferior formada correspondió a la fase orgánica, mientras que dicha fase fue la superior al emplear n-butanol.

2.3. CUANTIFICACION DEL MATERIAL SOLUBLE EXTRAIDO (ME)

Se determinó la cantidad de material soluble extraído (ME) de cada uno de los extractos obtenidos por pesaje en balanza analítica de los extractos secos correspondientes. Se calculó el rendimiento extractivo (RE). Los datos se analizaron aplicando el test t, para una probabilidad de error del 5% ($p < 0,05$).

Determinación del rendimiento extractivo

El rendimiento de cada extracción se calculó de acuerdo a lo establecido en Farmacopea Argentina VI Ed. (1978), con ligeras modificaciones. Los extractos acuosos fueron secados por liofilización (equipo Virtris 8 Liter freezer dryer, SL model, Virtis Company, Gardiner, New York, USA); mientras que a aquellos preparados con solventes orgánicos, es decir etanol, hexano, cloroformo y n-butanol, se les evaporó el solvente a presión reducida, manteniendo la temperatura a 40 ºC (para evitar alteraciones térmicas de las muestras) en evaporador rotatorio (Evaporador rotatorio Buchi Modelo 011, Buchi Inc., Italy). Los residuos obtenidos se secaron completamente en estufa a 37 ºC, hasta obtener valores de peso constantes. Las muestras secas así obtenidas representaron la cantidad de material extraído (ME).

2.4. EVALUACION DE LA ACTIVIDAD ANTIFUNGICA

Las respuestas de los microorganismos a la acción de los productos naturales pueden ser muy heterogéneas; esto puede atribuirse a las diferencias existentes entre los métodos de análisis aplicados y/o a las características bioquímicas inherentes a las especies microbianas bajo estudio. Existen muchas condiciones a cumplimentar por un ensayo antimicrobiano estandarizado (Sgariglia y col., 2009):

- La sustancia a evaluar debe tomar contacto con la membrana celular o pared celular del microorganismo seleccionado para la prueba.

- Deben existir parámetros de fácil medición que provean evidencia cuantitativa del crecimiento del microorganismo utilizado.

- La elección de los microorganismos depende principalmente del propósito de la investigación. Para propósitos generales se deben seleccionar los microorganismos más representativos de los principales grupos de patógenos, teniendo en cuenta también sus patrones de resistencia.

- Las sustancias a evaluar se deben disolver y diluir en solventes puros o en mezclas de ellos. Estos solventes deben ser inocuos para el crecimiento microbiano.

Atendiendo a esto, se seleccionaron dos métodos para realizar la evaluación de las actividades antimicrobianas de los extractos vegetales. Las técnicas empleadas fueron:

- **Ensayo de difusión en agar con discos**
- **Ensayo de dilución en medio líquido (microdilución)**

2.4.1. GENERALIDADES

Microorganismos

Se emplearon dos cepas de *Candida albicans*: la cepa 10231 proveniente de la *American Type Culture Collection (ATCC),* sensible a Fluconazol, con genoma estable (Smolenski y col., 1997) y la cepa 12-99, resistente al fluconazol, aislada de un paciente con HIV, y cedida gentilmente por el Dr. Joseph Heitman de la Universidad de Duke-USA. La cepa ATCC 10231, es frecuentemente utilizada, como referencia en ensayos de actividad antifúngica sobre *C. albicans,* por pertenecer a un cepario de referencia Internacional (Cuenca-Estrella y Rodriguez-Tudela, 2007). Debido a la creciente incidencia de cepas de *C. albicans* resistentes a fluconazol en pacientes con inmunosupresiones, se incluyo en el ensayo la cepa 12-99, cuyos genes de resistencia fueron ya descritos (White y col. 2002). Las cepas se conservaron de acuerdo a lo establecido por la CLSI (CLSI, 2008a), en un cepario de conservación estable a -20 ℃, que se renueva cada 6 meses. En cada renovación se verifica la identidad de las cepas mediante ensayos de sensibilidad antifúngica y comparación con valores tabulados (CLSI, 2008b), y usando CHROMagar™ Candida (Odds y Bernaerts, 1994).

Conservación de las cepas

Las cepas se recuperaron a partir de cultivos estables (en medios Sabouraud dextrosa agar- SDA), forma en que se adquirieron. Se colectaron con anza esterilizada, se inocularon en caldo Sabouraud dextrosa (SD), y se incubaron a 35 ℃ durante 24 h. Posteriormente se sembraron por estriación en la superficie de cajas de Petri con medio SDA y se incubaron a 35 ℃ durante 24 h. Se seleccionaron colonias de la superficie y se inocularon por punción en criotubos con agua : DMSO (9:1, v/v). Los criotubos así preparados constituyeron los cultivos de conservación de las cepas, que se almacenaron a –20 ℃ durante 6 meses (CLSI, 2008a). A su vez, a partir de los cultivos de conservación, se realizó un control colectando cepas con anza esterilizada y sembrando por estriación en la superficie de cajas de Petri con medio CHROMagar™ Candida. Las colonias de *C. albicans* en éste medio se identificaron por una coloración verde (Figura 2.5). Todos los procedimientos se llevaron a cabo en equipo de flujo laminar a fin de garantizar la esterilidad del área de trabajo.

Figura 2.5: *Candida albicans* crecida en CHROMagar™ Candida

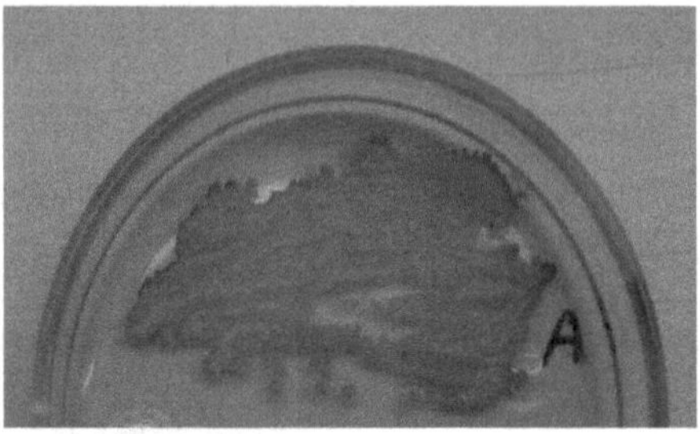

Preparación del inóculo

El crioval de conservación de la cepa se transfirió a estufa de 35 °C y se incubó durante 2 h hasta su fusión. Las levaduras se colectaron con un anza esterilizada, se sembraron por estriación en la superficie de cajas de Petri con medio nutritivo agarizado (SDA), y se incubaron a 35 °C durante 24 h. Se preparó una suspensión transfiriendo, con aguja estéril, de 3 a 5 colonias bien definidas a un tubo con 2 mL de agua destilada estéril. Dicha suspensión se ajustó de modo que la absorbancia de 530 nm sea la misma que la del tubo 0,5 de la escala de McFarland. La "*suspensión ajustada*" posee entre 1 y 5 x 10^6 unidades formadoras de colonias (UFC) / mL. Las suspensiones fúngicas de trabajo se emplearon durante los 15 min posteriores a su preparación.

Medios de cultivo

- **Sabouraud dextrosa agar (SDA)**

Uso: para activar las cepas de levaduras, y obtener un cultivo en fase logarítmica (CLSI, 2008a). Y para efectuar los cultivos de microorganismos en los ensayos de difusión en agar con discos.

Componentes:

Peptona	1 g
Dextrosa	4 g
Agar	1,5 g
Agua destilada (c.s.p.)	100 mL

Preparación: Disolver la peptona, dextrosa y agar en 1 L de agua destilada, calentando hasta completar la disolución. Esterilizar por autoclave a 121 ℃ durante 15 min. Almacenar a 5 ℃ hasta un máximo de 3 meses.

- **Caldo sabouraud dextrosa (SD)**

Uso: para activar las cepas de levaduras

Componentes:

Peptona	1 g
Dextrosa	4 g
Agua destilada (c.s.p.)	100 mL

Preparación: Disolver la peptona y dextrosa en 1 L de agua destilada, calentando hasta completar la disolución. Esterilizar por autoclave a 121 ℃ durante 15 min. Almacenar a 5 ℃ hasta un máximo de 3 meses.

➢ CHROMagar™ Candida

Uso: para el aislamiento e identificación de *Candida albicans, C. tropicalis* y *C. krusei*

Componentes:

Peptona	10,2 g
Mezcla cromogénica	22 g
Cloranfenicol	0,5 g
Agar	15 g
Agua destilada	1000 mL

Preparación: Suspender lentamente 47,7 g de base de polvo en 1 L de agua destilada. Remover hasta que el agar haya espesado bien. Esterilizar por vapor fluente en autoclave con espita abierta. No calentar por encima de 100 ℃. Enfriar en una cubeta térmica a 45-50 ℃, agitando o removiendo suavemente. Verter el medio en placas de Petri estériles. Dejar solidificar y secar. Almacenar en la oscuridad antes de usar. Las placas preparadas con medio pueden conservarse durante un día a temperatura ambiente. Las placas pueden almacenarse hasta dos meses refrigeradas (2-8 ℃) si se han preparado correctamente y se protegen de la luz y la deshidratación.

➢ Caldo RPMI 1640 con glutamina, sin bicarbonato

Uso: caldo nutritivo sintético empleado para la dilución de la suspensión fúngica ajustada, y para las pruebas de sensibilidad en policubetas. (CLSI, 2008a).

Preparación: Disolver el contenido de un sobre (10,4 g) de RPMI-1640 en 900 mL de agua destilada estéril en un vaso de precipitación (estéril) de 1 L. Agitar hasta disolver completamente. Ajustar el pH a 7,01 utilizando NaOH 1 M. Transferir a matraz aforado de 1 L y completar hasta la marca del aforo con agua destilada estéril, lavando el vaso en el que se preparó el medio. Esterilizar por filtración (utilizar equipo de filtración especial estéril, empleando filtros de nylon de 0,22 µm); el filtrado se colecta en frasco estéril de 1 L (frasco esterilizable que se acopla al equipo de filtrado). Fraccionar alícuotas de 11 mL en tubos de ensayo estériles con tapa plástica. Colocar los tubos en recipiente plástico dentro del freezer, y dejar solidificar en bisel (para evitar rupturas de tubos por expansión). Almacenar a -20 ℃ hasta su utilización.

Antifúngico comercial

Durante las evaluaciones de la actividad antifúngica combinada se empleó como antifúngico comercial, Fluconazol (FLU) de Sigma-Aldrich, de calidad ≥ 98% (HPLC), soluble en DMSO, cuya estructura se presenta en la Figura 2.6.

Figura 2.6: Estructura química del FLU.

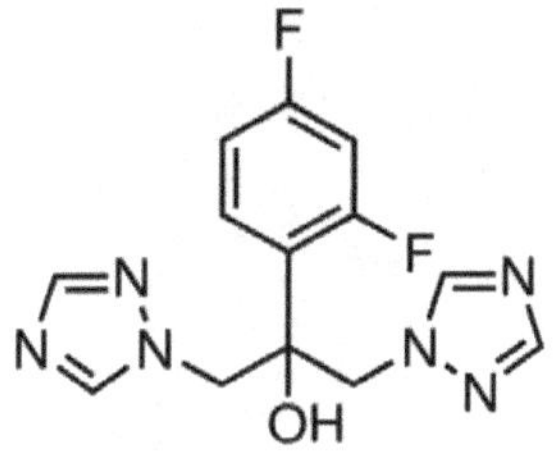

El fluconazol es un antimicótico fungistático perteneciente al grupo de los azoles, concretamente a la clase de los triazoles. Actúa mediante la unión y la inhibición de Erg11p, una enzima lanosterol 14-α demetilasa en el complejo citocromo P-450 de los hongos. Esta inhibición bloquea la vía de síntesis del ergosterol a partir de lanosterol, esto lleva a un incremento en la concentración de lanosterol (Fig. 2.7), que posee el grupo metilo de la posición 14 intacto; el lanosterol será sustrato de las subsiguientes enzimas de la vía, dando lugar a los correspondientes intermediarios 14-metilados, uno de los cuales, el 14-metilergosta-8,24 (28) dien-3,6-diol, es tóxico y responsable de la inhibición del crecimiento fungico (Akins, 2005); se propone que el hidroxilo de la posición 6 provocaría alteraciones de las interacciones apolares entre las colas de fosfolípidos, incrementando así la permeabilidad membranal.

Su espectro de acción incluye: *Candida albicans* y otras especies de *Candida* excepto *C. krusei, C. norvengensis, C. ciferri y C. inconspicua*. El 50% de las cepas de *C. glabrata*, casi un 50% de las de *C. famata* y en torno al 10% de las de *C. tropicalis* son parcial o totalmente resistentes. También es activo frente a Cryptococcus, Histoplasma, Blastomyces, Coccidioides, Paracoccidioides, dermatofitos y Malassezia furfur. (http://www.pediamecum.es).

Figura 2.7: Ruta de biosintesis de ergosterol y sitios de inhibición.

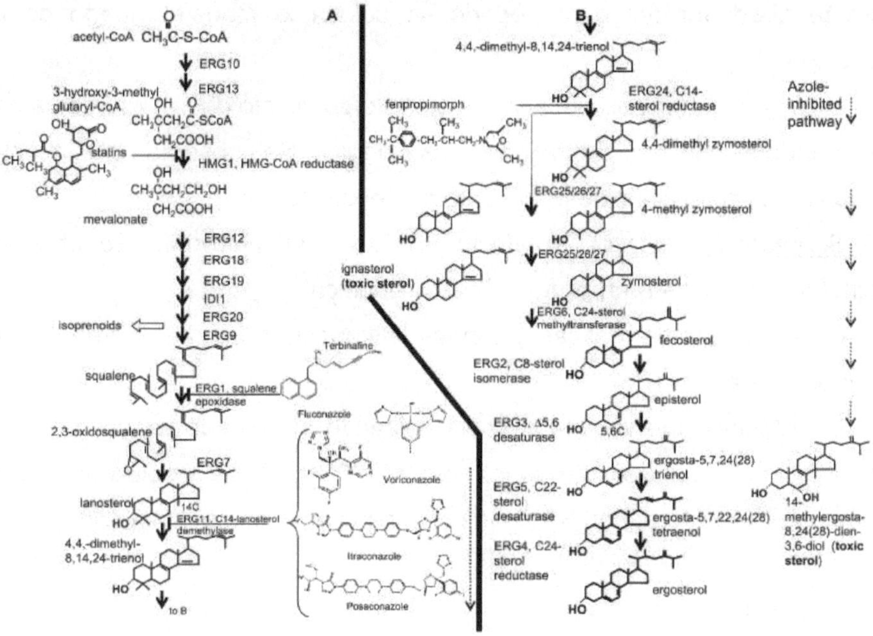

Fuente: Akins, 2005.

2.4.2. ENSAYOS

Ensayo de difusión en agar con discos

Fundamento:

El método consiste en aplicar un disco impregnado con la muestra bajo análisis sobre la superficie de un medio nutritivo solido sembrado con el microorganismo bajo estudio. La lectura e interpretación de los resultados se basa en el análisis de los halos de inhibición producidos por las diferentes concentraciones de las sustancias ensayadas y por el control de crecimiento; considerando todos los parámetros: inhibición completa, inhibición parcial y sobrecrecimiento.

Inhibición completa: tiene lugar cuando no se observa crecimiento aparente alrededor del punto donde se coloca la muestra, luego de la incubación.

Inhibición parcial: se observa un cierto crecimiento del microorganismo, comparándolo con el control de crecimiento. Se observa crecimiento microbiano pero no coincide totalmente con el del control.

Sobrecrecimiento: es el efecto inverso a la inhibición. Se observa crecimiento microbiano en la superficie de la placa.

El ensayo puede realizarse con las sustancias solas o en combinación con otras (por ej. FLU).

Esta técnica fue llevada a cabo utilizando medio sabouraud dextrosa agar (SDA) en ausencia y presencia de FLU (6 mg/L). Se emplearon discos de papel de filtro (Whatman N° 17) impregnados en la sustancia a ensayar.

Procedimiento:

I. Los discos estériles (5 mm de diámetro) se impregnaron, empleando micropipeta, con 500 µg de cada extracto, y se dejaron secar en flujo laminar hasta completa evaporación del solvente. Se prepararon discos impregnados solamente con solventes para ser empleados como control.
II. En los experimentos que incluyeron FLU (estudios de sinergismos): se agregaron 50 µL de solución madre de FLU en cajas de Petri con SDA, y se distribuyó de modo homogéneo sobre toda la superficie usando espátula de Drigalsky esterilizada. La concentración final de FLU en dichos experimentos fue 6 mg/L (Endo y col., 2010).
III. Las cajas de Petri conteniendo SDA (con FLU y sin FLU) se inocularon con la suspensión ajustada empleando hisopos estériles. Los discos impregnados se aplicaron en las cajas inoculadas.

IV. Las cajas así preparadas se incubaron a 35 °C durante 24h. Se realizaron las lecturas e interpretaciones de los resultados por análisis de los halos de inhibición.

Ensayo de dilución en medio líquido (microdilución)

Fundamento:

Involucra la dilución de la muestra en un medio líquido. Los resultados son cuantitativos y se expresan en función de la concentración inhibitoria mínima (CIM), es decir la mínima concentración de muestra capaz de inhibir el crecimiento fúngico (Quiroga y col., 2006). El uso de policubetas permite obtener resultados con pequeñas cantidades de muestras y reactivos (lo que se traduce en beneficios operativos y económicos) y generar otros parámetros como la concentración fungicida mínima (CFM) es decir la mínima concentración de muestra capaz de producir la muerte de las cepas fúngicas, luego de siembra de alícuotas en medio sólido y conteo de unidades formadoras de colonias (UFC). De este modo se adquiere conocimiento sobre el modo de acción de la muestra analizada, es decir si actúan de modo fungistático o fungicida. Estas pruebas se realizaron para evaluar la actividad antifúngica combinada (Chaturvedi y col., 2008) entre las muestras (extractos, fracciones o compuestos purificados) y antifúngicos comerciales. Dichos ensayos enfrentan diferentes proporciones de las muestras bajo estudio y antifúngicos comerciales con la cepa bajo estudio, y los resultados permiten conocer la presencia de efectos sinérgicos, aditivos o antagónicos en las asociaciones, expresados gráficamente como una "isobola" (Wagner y Ulrich-Merzenich, 2009) y matemáticamente como concentración inhibitoria fraccional (CIF) (Chaturvedi y col., 2008). Estas pruebas son también herramientas poderosas para la detección de antifúngicos durante las purificaciones biodirigidas (Zacchino, 2010). Cabe aclarar que las lecturas de las CIMs se efectúan a las 24 o 48 h, dependiendo del antifúngico usado, y pueden llevarse a cabo para el 50% de inhibición (cuando se usa FLU) o para el 100% de inhibición (CLSI, 2008). Las lecturas se realizan por inspección visual o por lecturas de absorbancia a 550 nm, recomendado cuando se evalúa FLU (Espinel-Ingroff y col., 2005).

Se prepararon diluciones seriadas de la muestra a analizar, en policubetas estériles de poliestireno (de 96 pocillos). Los microorganismos se agregaron a los pocillos y se mezcló su contenido, luego de la incubación de las policubetas a 35 °C durante 24 h fue evaluado el crecimiento microbiano y determinado el valor de la CIM.

Procedimiento:

I. Preparación de las soluciones de sustancias a ensayar

Muestra a ensayar

La solución madre de la muestra se preparó con una concentración de 50 mg/mL ya que se trata de un extracto parcialmente purificado. Las muestras soublilizadas en alcohol no requirieron esterilización.

Se diluyeron 48 μL de la solución madre con 1152 μL (1,152 mL) de medio RPMI 1640 estéril, generando la "solución de trabajo A", a partir de la cual se prepararon las subsiguientes soluciones de trabajo, de acuerdo al siguiente esquema:

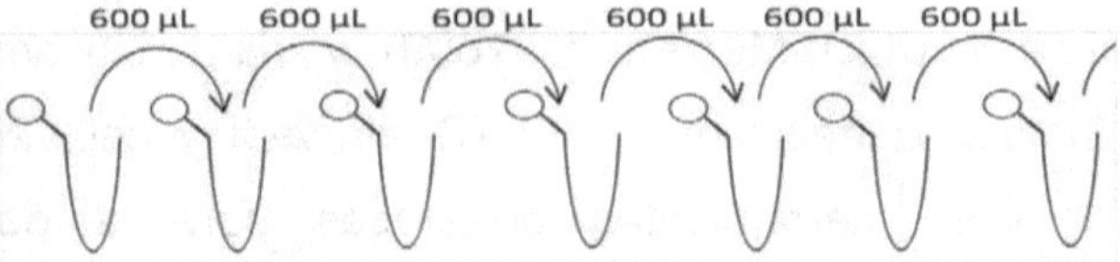

Volumen de RPMI (µL)	1152	600	600	600	600	600	600
[Muestra] (µg/mL)	2000	1000	500	250	125	62,5	31,2
Solución de trabajo N°	**A**	**B**	**C**	**D**	**E**	**F**	**G**

Fluconazol 6,4 mg/mL

Para preparar la solución madre de FLU se pesaron 6,4 mg de FLU, y se agregó 1 mL de dimetilsulfoxido (DMSO). Se diluyeron 20 µL de la solución madre con 980 µL de medio RPMI 1640 estéril, generando la "solución de trabajo 1" (128 µg/mL), a partir de la cual se prepararon las subsiguientes soluciones de trabajo, de acuerdo al siguiente esquema:

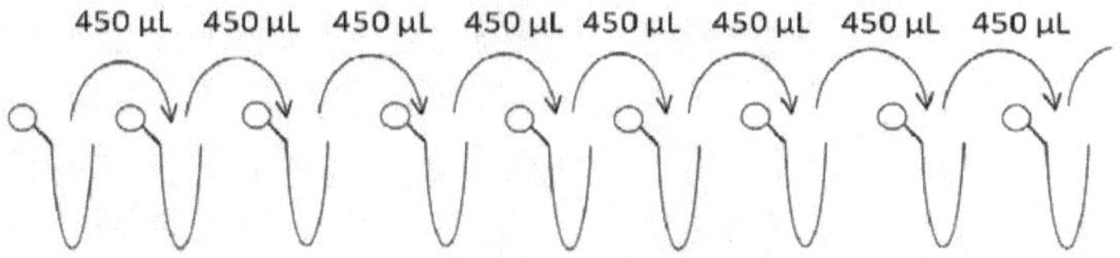

Volumen de RPMI (µL)	980	450	450	450	450	450	450	450	450
[FLU] (µg/mL)	128	64	32	16	8	4	2	1	0,5
Solución de trabajo N°	**1**	**2**	**3**	**4**	**5**	**6**	**7**	**8**	**9**

II. Agregado de las diluciones de la sustancias en los pocillos

Pocillos control de esterilidad (CE): Se les agregó 200 µL de medio RPMI 1640.

Pocillos control de crecimiento (C+): Se les agregó 100 µL de medio RPMI 1640.

Pocillos experimentos: Se les agregó alícuotas de 50 µL de cada solución de trabajo. A los pocillos que evalúan una sola sustancia se les agregó previamente 50 µL de caldo RPMI 1640.

Modelo de diseño experimental

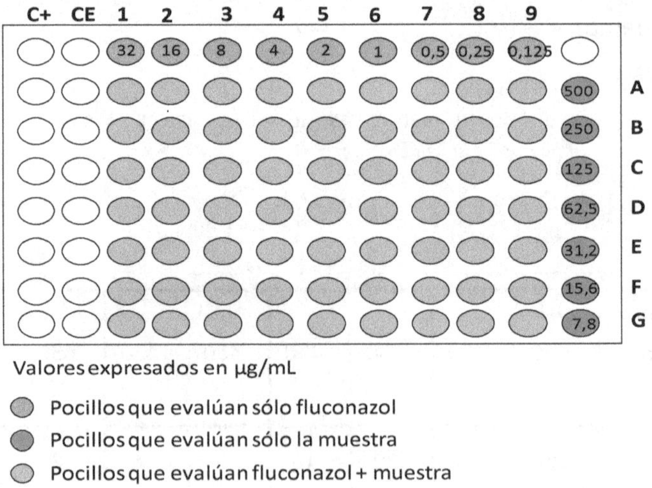

Los valores de concentraciones de fluconazol se eligieron teniendo en cuenta los datos publicados por Pappas y col. (2004), CLSI (2008b), y Borghi y col., 2010.

III. Preparación de la suspensión fúngica de trabajo (CLSI, 2008a, Chaturvedi y col., 2008, Borghi y col., 2010)

Se agitó bien la "*suspensión ajustada*" y se transfirieron 10 µL de la misma a 11 mL de caldo RPMI 1640 (dilución 1/1100). Esta suspensión se denominó "*suspensión de trabajo*".

IV. Inoculación

Se inocularon alícuotas de 100 µL de la "*suspensión de trabajo*" en los pocillos de la policubeta. La inoculación se inició desde los controles de crecimiento hasta los pocillos experimento de mayor concentración.

V. Incubación y lectura de resultados

Las policubetas se incubaron a 35℃ durante 24-48 h. La CIM (concentración inhibitoria mínima) es la concentración más baja de sustancia que inhibe el crecimiento del microorganismo. Se comparó el crecimiento con cada concentración de sustancia o combinación de sustancias con los controles de crecimiento. Se realizaron lecturas por inspección visual. La CIM para fluconazol se define como la menor concentración que produce una disminución significativa de la turbidez ($\geq$ 50%) respecto a la del control de crecimiento.

Las interacciones dadas por la combinación de sustancias se suelen expresar algebraicamente, determinando la ***concentración inhibitoria fraccional*** (CIF) (Chaturvedi y col., 2008). La CIF se expresa matemáticamente así:

$$CIF = \frac{C\text{-}CIM_A}{CIM_A} + \frac{C\text{-}CIM_B}{CIM_B}$$

Donde:

CIF: concentración inhibitoria fraccional.

C-CIM_A: concentración inhibitoria mínima de la sustancia A en la combinación.

CIM_A: concentración inhibitoria mínima de la sustancia A individual.

C-CIM_B: concentración inhibitoria mínima de la sustancia B en la combinación.

CIM_B: concentración inhibitoria mínima de la sustancia B individual.

Los posibles resultados de CIF se interpretan así:

≤ 0,5	**Efecto sinérgico**
> 0,5 a < 4,0	**Sin interacción**
≥ 4,0	**Efecto antagónico**

Ensayo de recuento de células viables

Se realizó el conteo de células viables luego de los ensayos combinatorios, pero empleando un inoculo inicial de 10^4 UFC . mL^{-1} (Canton y col., 2003). Este inoculo permite cuantificar una disminución de 3 unidades logarítmicas (3 log) de la viabilidad celular, por encima del límite de detección (es decir 10 UFC . mL^{-1}), lo que implica una mortalidad superior al 99,9%. El conteo de células viables se llevó a cabo por plaqueo, en cajas de Petri con SDA, de diluciones seriadas del contenido de cada pocillo de las policubetas. Las cajas así inoculadas se incubaron invertidas a 35℃ durante 48 h. Los controles de viabilidad incluyeron alícuotas tomadas de los pocillos correspondientes a los controles de crecimiento. Se empleó la cepa de referencia *C. albicans* ATCC 10231. Las pruebas se realizaron por triplicado.

2.5. FRACCIONAMIENTO Y PURIFICACION BIODIRIGIDA DE LOS AGENTES ANTIFUNGICOS

La cromatografía permite separar componentes de mezclas complejas para analizarlos, identificarlos, purificarlos y/o cuantificarlos; es una técnica de separación extraordinariamente versátil que presenta distintas variantes. En toda separación cromatográfica hay dos fases: una móvil (líquida o gaseosa) y otra estacionaria, donde la primera se mueve respecto de la segunda manteniendo interacciones específicas de acuerdo a las propiedades físico-químicas de cada una.

Se emplearon técnicas cromatográficas en columnas con diferentes materiales cromatográficos como Sílica Gel (*A. arvensis) y* Sephadex LH20 (*R. sativus*). Se realizaron cromatografías analíticas en capa fina (CCF) empleando como fase fija Sílica Gel (Markham, 1982). Los resultados se revelaron por visualización directa (Vis) o bajo luz $UV_{(254,365)}$ y bajo luz $UV_{(365)}$ luego de la atomización con reactivos específicos de grupos funcionales (Wagner y Bladt, 1996). Los procedimientos de purificación fueron biodirigidos, es decir que en cada una de las etapas aplicadas se llevaron a cabo los ensayos correspondientes de análisis de la actividad antifúngica.

2.5.1. Cromatografía en columna (CC)

Fundamento:

La CC utiliza una columna de vidrio vertical que se llena con un soporte sólido adsorbente (fase estacionaria) el cual fue preparado previamente en el eluyente (disolvente que constituye la fase móvil) adecuado. Se equilibra el sistema dejando eluir el disolvente a través de la columna.

Para la siembra de la muestra que se quiere separar, se succiona cuidadosamente, con pipeta Pasteur, la capa de líquido situada sobre el lecho. La muestra se deposita en la parte superior de este soporte y a continuación se abre la salida de eluyente para que la misma atraviese el lecho. Antes de que éste se seque, se cierra la salida de eluyente y se añade con cuidado la cantidad de fase móvil necesaria para formar una capa de amortiguación del goteo. Se procede a la elución cromatográfica durante la cual el eluyente, por efecto de la gravedad, moviliza la muestra a través de la columna. Se establece un equilibrio entre el soluto adsorbido en la fase estacionaria y el disolvente eluyente que fluye por la columna. Debido a que cada uno de los componentes de una mezcla establecerá interacciones diferentes con la fase estacionaria y la móvil, serán transportados a diferentes velocidades y se conseguirá su separación. Así, las diferencias en las velocidades de desplazamiento a través de la fase estacionaria se corresponden con diferencias en los tiempos de elución por la parte inferior de la columna para cada uno de los componentes de la muestra original, que se recogerán en fracciones diferentes. En la figura 2.8 se presenta un esquema del sistema descrito.

Figura 2.8: CC

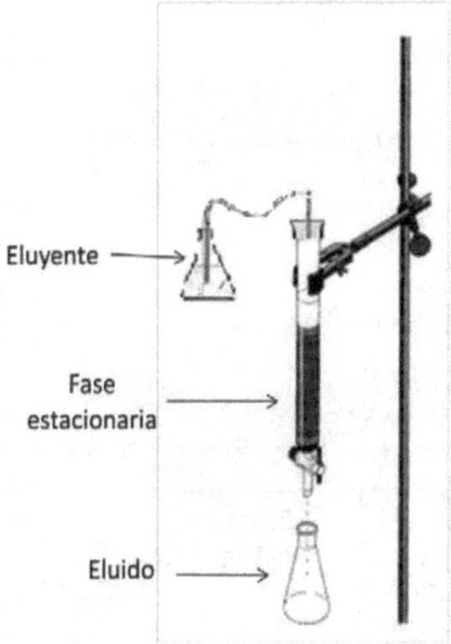

Procedimiento:

Raphanus sativus

El extracto clorofórmico (250 mg) se fraccionó por CC utilizando Sephadex LH20 (Amersham Biosciences, Uppsala, Suecia) como fase estacionaria (lecho de 69 x 2 cm), en una columna de vidrio borosilicato de 80 x 2 cm (soporte), y etanol (calidad PA) como fase móvil. Se colectaron 80 tubos conteniendo 7 mL cada uno y la columna se lavó con 250 mL de etanol. En base a los comportamientos cromatográficos, evaluados mediante CCF las sustancias eluídas fueron agrupadas en tres fracciones (L1-L3). Se evaluó la actividad antifúngica de cada una de las fracciones mediante ensayo de difusión en agar con discos. La figura 2.9 presenta un esquema del proceso.

Figura 2.9: Esquema del fraccionamiento biodirigido de R. sativus.

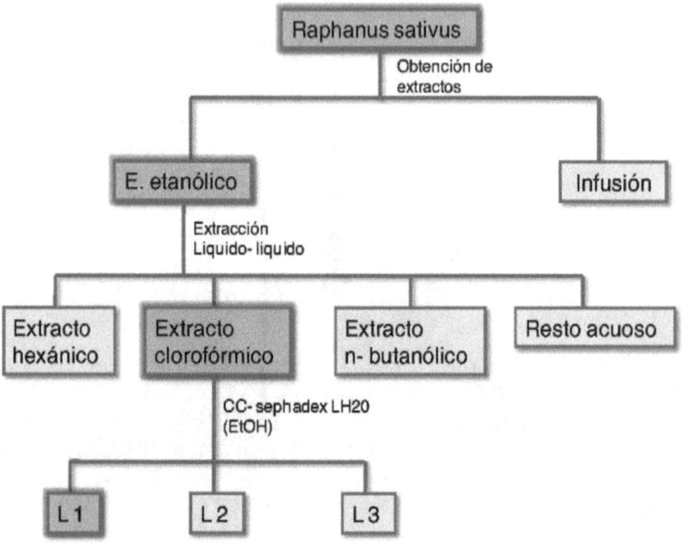

Anagallis arvensis

El extracto n- butanólico (830 mg) se fraccionó por CC utilizando Silica Gel 60 (0.040- 0.063 mm) como fase estacionaria (lecho de 18 x 3 cm), en una columna de vidrio borosilicato de 35 x 3 cm (soporte), y MeOH : $CHCl_3$ (50:50, v/v) como fase móvil. Se colectaron nueve erlenmeyers conteniendo 25 mL cada uno y la columna se lavó con 130 mL de MeOH. En base a los comportamientos cromatográficos, evaluados mediante CCF, las sustancias eluídas fueron agrupadas en tres fracciones (A1-A3). Se realizó la evaluación de la actividad antifúngica de cada una de las fracciones mediante ensayo de difusión en agar con discos. En base a esto, se seleccionó la fracción que mayor inhibición generó (A2) y se le realizó un nuevo fraccionamiento empleando el mismo método cromatográfico pero ésta vez se realizó una elución por gradientes empleando $CHCl_3$: MeOH (9:1; 8:2; 6:4 y 5:5) como fases móviles. Se colectaron 17 fracciones de 50 mL cada una y la columna se lavó con 130 mL de MeOH. En base a los comportamientos cromatográficos, evaluados mediante CCF las sustancias eluídas fueron agrupadas en seis fracciones (G1- G6) a las cuales se les realizó la evaluación de la actividad antifúngica. La figura 2.10 presenta un esquema del proceso.

Figura 2.10: Esquema del fraccionamiento biodirigido de A. arvensis

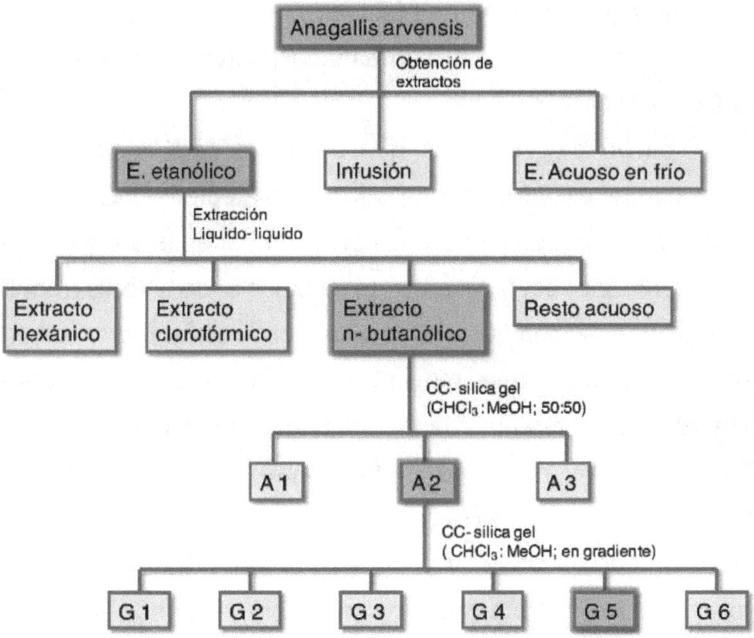

2.5.2. Cromatografía en capa fina (CCF)

Fundamento:

Es una técnica muy utilizada para la identificación preliminar y determinación aproximada de la pureza de compuestos, así como también por sus aplicaciones analíticas. Ofrece al analista diversas ventajas, tales como el corto tiempo requerido para visualizar la mayoría de los componentes de una muestra, las bajas cantidades de muestras requeridas para los análisis, y la posibilidad de efectuar un reconocimiento preliminar de los constituyentes de la muestra bajo estudio (García Segura y col., 1996; Sgariglia y Col., 2011).

La CCF es un procedimiento que se utiliza para separar moléculas relativamente pequeñas. Al igual que otras cromatografías, consiste en una fase estacionaria y una fase móvil, cuya elección dependerá del metabolito a separar; y el principio es el mismo: la sustancia de interés (analito) se adherirá a la fase estacionaria (capa fina de gel de sílice u otro material con propiedades adsorbentes) o se moverá con la fase móvil (único solvente o una mezcla de disolventes adecuada), viajando una distancia ó relación de frente (*Rf*) que es inversamente proporcional a la afinidad por la fase estacionaria. El *Rf* de un analito está determinado por el cociente entre la distancia recorrida por el solvente y la recorrida por dicho analito, y siempre será menor o igual a 1 (García Segura y col., 1996). Figura 2.11.

Figura 2.11: Cromatografía en capa fina

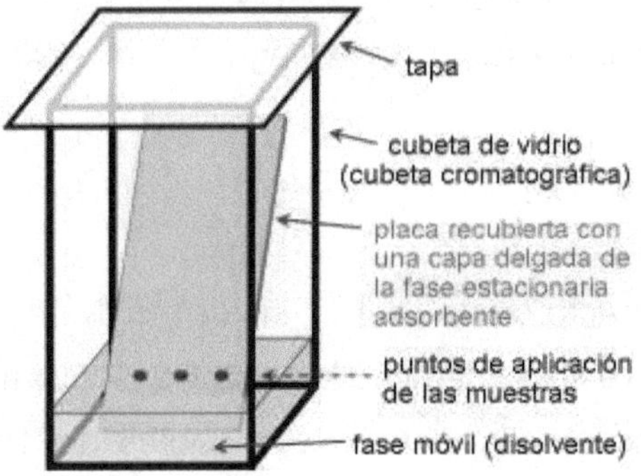

Procedimiento:

Las distintas muestras a analizar se evaluaron en cada etapa por CCF en placas de Silica Gel 60 F_{254} tipo analíticas (20 x 20 cm, 200 µm de espesor de fase estacionaria, Merck, Darmstadt, Alemania). Se emplearon 3 sistemas de solventes: F1 (AcOEt : HCOOH : CH_3COOH : H_2O, 100:11:11:27, v/v/v/v) apropiado para la separación de glicósidos fenólicos (Wagner y col., 1984), F2 (Tolueno : AcOEt : CH_3COOH, 50:40:10, v/v/v) apropiado para la separación de las agliconas de compuestos fenólicos, y $CHCl_3$: MeOH : H_2O (6:3:0,5 v/v/v). Las sustancias separadas se visualizaron bajo luz UV (a 254 y 366 nm, con lámpara UV 5L-58 Mineralight) antes y después de cubrir las placas con los reactivos de revelado específicos: Reactivo de Dragendorff (para revelado de alcaloides); Reactivo de productos naturales con polietilenglicol (NP/PEG) para revelado de compuestos fenólicos (Brasseur y Angenot, 1986); Reactivo de p-anisaldehido sulfúrico para revelado de terpenos, aceites esenciales y saponinas triterpénicas (Wagner y col., 1984); Reactivo de Lieberman-Burchard para compuestos esteroidales; Reactivo de $FeCl_3$ para la identificación de compuestos que posean en su estructura una función reductora, como por ejemplo grupos fenólicos (Merck, 1972); y Reactivo de sangre para la detección de saponinas (Wagner y col., 1984).

2.5.3. Hidrólisis

A 19 mg del extracto crudo de *R. Sativus* y a 12 mg de la fracción G5 de *A. arvensis* se les realizó una hidrólisis con HCl 0,5 N a 100 ºC durante 2 h. Se enfrió y particionó con AcOEt (5 alícuotas de 1,5 mL cada una), separándose por decantación una fase acuosa ácida inferior, que contenía los azúcares y una fase orgánica superior que contenía las agliconas (Soberón y col., 2010a).

Fase orgánica: se evaporó el solvente hasta sequedad, y se resuspendió el material seco en etanol. Las agliconas presentes se analizaron por CCF utilizando diferentes mezclas de solventes y sistemas de revelado. En el caso de la muestra correspondiente a *R. Sativus* las bandas obtenidas con la muestra (luego del revelado) fueron comparadas por sus colores y posiciones (a través de sus valores de *Rfs*) con las generadas por sustancias estándares comerciales disponibles (cumarina, quercetina y kaempferol). En el caso de la muestra correspondiente a *A. arvensis* las bandas obtenidas luego del revelado fueron comparadas con las generadas por la misma muestra sin hidrolizar. La figura 2.12 presenta un esquema del proceso.

Figura 2.12: Esquema de la hidrólisis

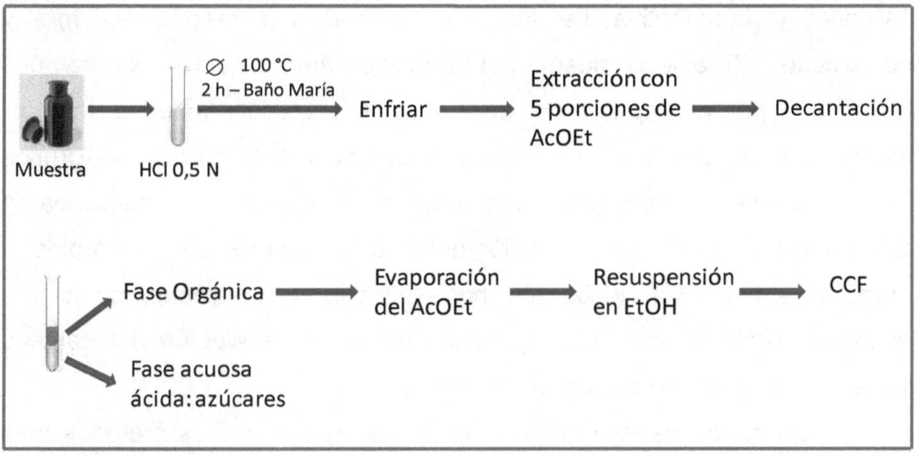

2.6. ANALISIS ESTADISTICO

Los resultados se evaluaron estadísticamente mediante pruebas ANOVA o Test de Student (test t). Valores de probabilidad inferiores a 0,05 ($p < 0,05$) se consideraron estadísticamente significativos. Las pruebas se repitieron al menos tres veces y por duplicado.

2.7. ANALISIS ESTRUCTURAL DE COMPUESTOS BIOACTIVOS

2.7.1. Espectrometría de masa (EM)

Fundamento

El principio básico de la EM es la formación de iones, a partir de compuestos orgánicos o inorgánicos mediante un método adecuado, la separación de estos iones por su relación masa-carga (m/z) y la detección cualitativa y cuantitativa de los mismos por sus respectivas m/z y abundancias. El analito puede ser ionizado térmicamente, por campos eléctricos o por el impacto de electrones energéticos, iones o fotones, átomos neutros energéticos, átomos electrónicamente excitados, grupos masivos de iones, o microgotas con carga electrostática, en condiciones de vacío (Impacto electrónico, ionización química, bombardeo atómico rápido) o a presión atmosférica (ionización por electrospray, ionización química a presión atmosférica, etc). La separación de iones se efectúa por campos eléctricos o magnéticos estáticos o dinámicos.

La técnica de espectrometría de masas es uno de los métodos más sensibles para el análisis molecular, ya que permite obtener información respecto a la masa molecular relativa de un compuesto (a partir del valor de masa del ión molecular que se genere) y datos estructurales (a partir de los fragmentos que genere el compuesto). Los estudios de espectrometría de masas de compuestos polihidroxilados (tales como los glicósidos) que emplean fuentes de ionización fuertes suelen requerir derivatizaciones preliminares (metilaciones, peracetilaciones, sililaciones, etc.) para incrementar la volatilidad y estabilidad de estos compuestos. Sin embargo la derivatización suele generar mezclas de productos parcialmente derivatizados, que precisan de subsecuentes etapas de purificación, y en algunos casos originan artefactos que dificultan la interpretación de los espectros. La ionización por electrospray (IES) es una técnica de ionización blanda que lleva a cabo una transferencia de iones desde solución a fase gaseosa. Esta técnica es extremadamente útil para el análisis de moléculas grandes poco volátiles, con carga, tales como proteínas o polímeros de ácidos nucleicos. En IES la solución está compuesta por un solvente volátil que contiene el analito iónico a muy baja concentración, generalmente 10^{-6} – 10^{-4} M. Además, la transferencia de iones desde la fase líquida a vapor comienza a presión atmosférica y gradualmente avanza hacia el alto vacío del analizador de masas. Esto provoca una suave ionización, lo que convierte a la IES en una técnica que "a las moléculas elefantes les da alas". IES también es útil para moléculas polares pequeñas, complejos metálicos iónicos, y otros analitos inorgánicos solubles.

IES produce una variedad de iones dependiendo de la polaridad del analito, las características del solvente, y la presencia o ausencia de impurezas tales como iones de metales alcalinos. Normalmente no se observan iones radicales (Gross, 2011). La tabla 2.1 muestra el tipo de iones generalmente formados por IES.

Tabla 2.1: Tipo de iones formados por IES.

Analitos	**Iones Positivos**	**Iones Negativos**
No Polares	$[M+H]^+$, $[M+Metal\ alcalino]^+$	$[M–H]^-$, $[M+Anión]^-$
Mediana a elevada polaridad	$[M+H]^+$, $[M+ Metal\ alcalino]^+$	$[M–H]^-$, $[M+ Anión]^-$

Fuente: Gross, 2011.

Procedimiento

La fracción G5 se sometió a EM por infusión directa en un espectrómetro gaseoso (Bruker QTofII) equipado con una fuente de IES, lo que permitió observar las especies $[M+H]^+$ y $[M+Na]^+$ en el modo positivo, mientras que en modo negativo se observaron las especies $[M-H]^-$ y $[M-H+Cl]^-$. Las muestras fueron infundidas a un flujo de 180 μl . h^{-1} usando una bomba de jeriga. Las muestras fueron analizadas en modo positivo y negativo usando una presión en el nebulizador de 0.4 Bar, con una temperatura de fuente = 180 ℃. La adquisición de los iones se realizó en el rango de masa comprendido entre 50 a 1500 m/z, con un flujo de nitrógeno de 4.0 L . min^{-1}. Se usó formiato de sodio como calibrante. Los datos se procesaron empleando el software Data Analysis (Bruker Daltonics).

3. RESULTADOS

3.1. CUANTIFICACION DEL MATERIAL SOLUBLE EXTRAIDO (ME) Y RENDIMIENTO EXTRACTIVO (RE)

Tabla 3.1: Materiales solubles extraídos y rendimientos extractivos de extractos vegetales de *R. sativus* y *A. arvensis*.

Especie	Extracto	M.E. (mg/mL)	R.E. (%)
R. sativus	Etanólico	5,57	7,79 (n=7)
	Infusión	0,7	1,04 (n=1)
A. arvensis	Etanólico	6,75	19,81 (n=2)
	Infusión	7,04	17,61 (n=1)
	Acuoso en frío	7,02	17,55 (n=1)

Referencias: **(M.E.):** Material extraído. Expresado en mg de material extraído por cada mL de extracto. **(R.E.):** Rendimiento extractivo.

Los datos obtenidos muestran que los rendimientos extractivos son más elevados para los extractos etanólicos (tinturas) que para los acuosos. No se observaron diferencias significativas ($p>0,05$) entre los rendimientos extractivos generados por las extracciones en frío (Eaf) y en caliente (infusión) a partir de *A. arvensis*.

La especie que generó mayores rendimientos fue *A. arvensis* verificándose diferencias significativas ($p<0,05$) entre los valores de sus extractos en relación a los valores obtenidos con los extractos preparados a partir de *R. sativus*.

3.2. ACTIVIDAD ANTIFUNGICA DE EXTRACTOS Y FRACCIONES OBTENIDAS POR EXTRACCION LIQUIDO- LIQUIDO

Tabla 3.2: Actividad antifúngica de extractos de *R. sativus* y *A. arvensis* sobre *C. albicans* ATCC 10231 evaluada mediante difusión en agar.

Especie	Extracto	Diametro de los halos de inhibición (mm)	
		C/ FLU	S/ FLU
R. sativus	Etanólico	10,0 ± 0,2	10,0 ± 0,2
	Infusión	no presenta	no presenta
A. arvensis	Etanólico	13,0 ± 0,2	8,0 ± 0,1
	Infusión	8,0 ± 0,2	8,0 ± 0,2
	Acuoso en frío	no presenta	no presenta

El extracto etanólico (Ee) de *R. sativus* generó halos de inhibición del crecimiento de *C. albicans* alrededor de los discos, con visible efecto de trailing (crecimiento de microorganismos en la zona de inhibición). No se detectaron diferencias significativas entre los valores de diámetros de los halos generados con y sin FLU ($p>0,05$). La infusión no presentó actividad inhibitoria detectable sobre la cepa ensayada (ausencia de halos de inhibición). Los resultados se observan en la figura 3.1.

Figura 3.1: Actividad antifúngica ejercida por extractos de *R. sativus* (con y sin FLU) sobre *C. albicans* ATCC 10231 evaluada mediante difusión en agar.

Referencias: 1.- Ee. **2.-** Infusión.

Entre los extractos de *A. arvensis* evaluados, el Ee presentó la mayor actividad antifúngica, teniendo en cuenta los diámetros de los halos de inhibición generados, observándose zonas de inhibición "limpias" (ausencia de trailing). La infusión generó zonas de inhibición con idénticos tamaños tanto con y sin FLU, y menos definidos que los generados con Ee (trailing), mientras que el Eaf no presentó actividad inhibitoria detectable sobre la cepa ensayada (ausencia de halos de inhibición). Los resultados se observan en la Fig. 3.2. Los diámetros de los halos de inhibición generados por Ee con y sin FLU fueron significativamente diferentes ($p<0,05$), esto sugiere la existencia de una asociación sinérgica entre uno o más compuestos de Ee con FLU.

Figura 3.2: Actividad antifúngica ejercida por extractos de *A. arvensis* (con y sin FLU) sobre *C. albicans* ATCC 10231 evaluada mediante difusión en agar.

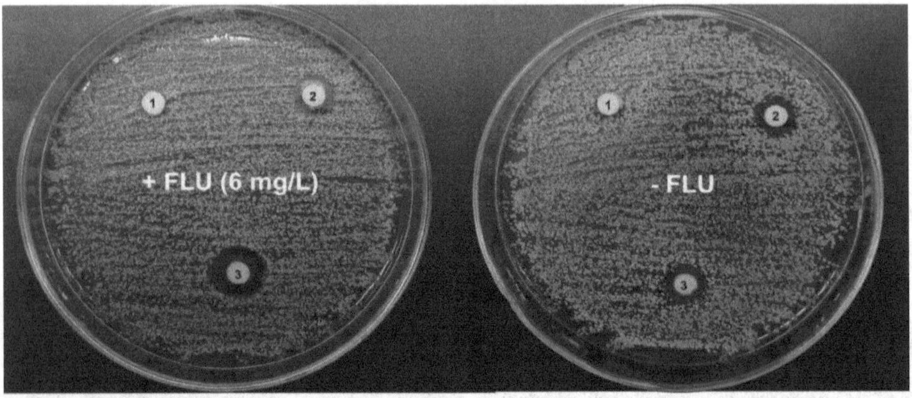

Referencias: 1.- Eaf. **2.-** Infusión. **3.-** Ee

Se seleccionaron los extractos etanólicos de ambas especies debido a que fueron los que presentaron mayor actividad antifúngica y mayor rendimiento extractivo. A éstos se les realizó una extracción líquido- líquido.

Tabla 3.3: Actividad antifúngica de las fracciones obtenidas por extracción líquido-líquido del extracto etanólico de *R. sativus sobre C. albicans* ATCC 10231 y *C.albicans* 12-99

Especie	**Extracto**	**Diámetro de los halos de inhibición (mm)**			
		***C.albicans* ATCC 10231**		***C.albicans* 12- 99**	
		C/ FLU	**S/ FLU**	**C/ FLU**	**S/FLU**
R. sativus	Hexánico	8,0 ± 0,5	no presenta	no presenta	no presenta
	Clorofórmico	13,0 ± 0,1	7,0 ± 0,5	7,0 ± 0,1	7,0 ± 0,1
	n- Butanólico	no presenta	no presenta	no presenta	no presenta
	Acuoso	no presenta	no presenta	no presenta	no presenta

El extracto clorofórmico de *R. sativus* presentó la mayor actividad antifúngica entre las diferentes formas extractivas realizadas sobre dicha especie, teniendo en cuenta los halos de inhibición generados sobre ambas cepas. Las zonas de inhibición generadas por el mismo, sobre *C. albicans* ATCC 10231 con y sin FLU, fueron significativamente diferentes ($p<0,05$); mientras que sobre *C.albicans* 12-99 no se observaron diferencias significativas ($p>0,05$). El extracto hexánico generó inhibición únicamente sobre *C. albicans* ATCC 10231 en presencia de FLU.

Tabla 3.4: Actividad antifúngica de las fracciones obtenidas por extracción líquido-líquido del Ee de *A. arvensis* sobre *C. albicans* ATCC 10231

Especie	Extracto	Diámetro de los halos de inhibición (mm)	
		C/ FLU	S/ FLU
A. arvensis	Hexánico	no presenta	no presenta
	Clorofórmico	10,0 ± 0,1	10,0 ± 0,1
	n- Butanólico	8,0 ± 0,2	8,0 ± 0,2
	Acuoso	no presenta	no presenta

El extracto n-butanólico presentó la mayor actividad antifúngica entre las diferentes formas extractivas realizadas sobre dicha especie, teniendo en cuenta los halos de inhibición generados, observándose zonas de inhibición "limpias" de idénticos tamaños con y sin FLU. El extracto clorofórmico generó halos de inhibición de idénticos tamaños con y sin FLU, y menos definidos que los generados con el extracto n-butanólico (trailing), mientras que el extracto hexánico no presentó actividad inhibitoria detectable sobre la cepa ensayada (ausencia de halos de inhibición). Los resultados se observan en la Fig. 3.3.

Figura 3.3: Actividad antifungica ejercida por las fracciones obtenidas mediante extracción liquido-liquido a partir del Ee de *A. arvensis* sobre *C. albicans* ATCC 10231, con y sin FLU.

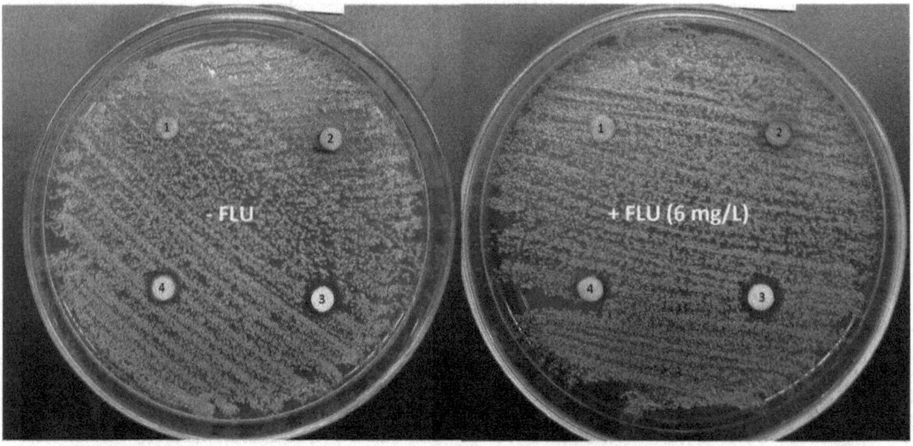

Referencias: 1.- Extracto hexánico. **2.**- Extracto clorofórmico. **3.**- Extracto n- butanólico. **4.**- Extracto crudo.

El valor de M.E. del extracto clorofórmico de *R. sativus* fue 5,39 mg/mL y el R.E. 16,25%. En el caso de *A. arvensis* el valor de M.E. del extracto n-butanólico fue 19,68 mg/mL y el R.E. 59,33%.

3.3. PURIFICACION BIODIRIGIDA DE LOS AGENTES ANTIFUNGICOS

R. sativus

El extracto clorofórmico se fraccionó por cromatografía en columna utilizando Sephadex LH20 como fase estacionaria, y etanol como fase móvil. Se colectaron 80 tubos conteniendo 7 mL cada uno. En base a los comportamientos cromatográficos, evaluados mediante CCF las sustancias eluídas fueron agrupadas en tres fracciones: 1-17 → L1; 18-35 → L2; 36-76 → L3. En la Figura 3.4 se presentan las imágenes de las CCF de las fracciones colectadas, empleando como sistema de solventes F1, posterior revelado con NP/PEG y visualización a 365 nm. Los eluatos se visualizaron como bandas intensas de color celeste, con Rfs = 0,22, 0,45 y 0,90, características de ácidos fenólicos. Las bandas con Rfs = 0,45 y 0,90 son típicas del ácido clorogénico y ácido cafeico, respectivamente, lo que sigiere la presencia de dichos ácidos en el extracto.

Figura 3.4: CCF de las fracciones colectadas. Sistema de solventes F1. Revelado NP/PEG (visualización a 365 nm).

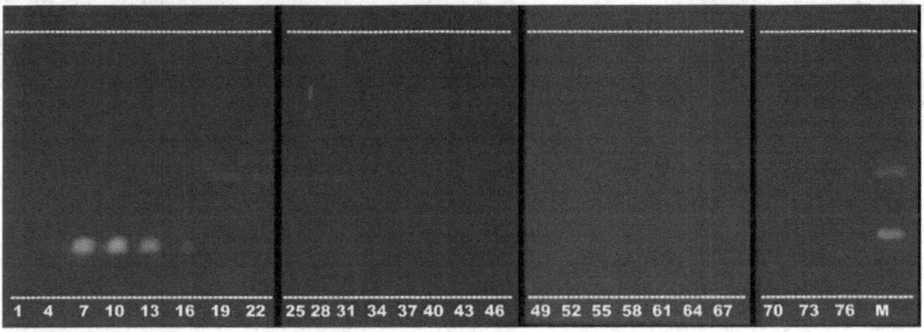

Referencias: M.- Extracto clorofórmico.

Se realizó la evaluación de la actividad antifúngica de las fracciones agrupadas mediante ensayo de difusión en agar con discos. La fracción L1 fue la que presentó mayor actividad antifúngica, teniendo en cuenta los halos de inhibición generados, los cuales fueron significativamente diferentes ($p<0,05$), con y sin FLU: 12,0 ± 0,1 mm y 9,0 ± 0,2 mm respectivamente, lo que sugiere la existencia de una asociación sinérgica entre uno o más compuestos de L1 con FLU. La fracción L2 generó halos de inhibición únicamente en presencia de FLU: 12,0 ± 0,1 mm. Los resultados se observan en la Figura 3.5.

Figura 3.5: Actividad antifungica ejercida por las fracciones L1-L2, obtenidas a partir del extracto clorofórmico de *R. sativus,* sobre *C. albicans* ATCC 10231, con y sin FLU.

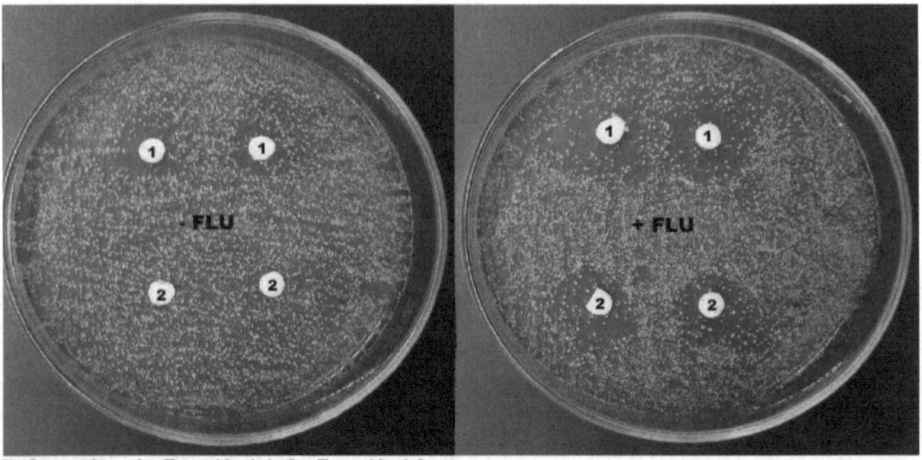

Referencias: 1.- Fracción L1; **2.-** Fracción L2.

A. arvensis

El extracto n-butanólico se fraccionó por cromatografía en columna utilizando Silica Gel 60 como fase estacionaria, y MeOH : $CHCl_3$ (50:50, v/v) como fase móvil. Se colectaron 9 fracciones de 25 mL cada una. En base a los comportamientos cromatográficos, evaluados mediante CCF, las sustancias eluídas fueron agrupadas en tres fracciones: 1-2 →A1; 3 →A2; 4-9 →A3. En la Figura 3.6 se presentan las imágenes de las CCF de las fracciones colectadas, empleando como sistema de solventes F1, y posterior revelado con NP/PEG (visualización a 365 nm) y p-anisaldehído sulfúrico.

Figura 3.6: CCF de las fracciones colectadas. Sistema de solventes F1.

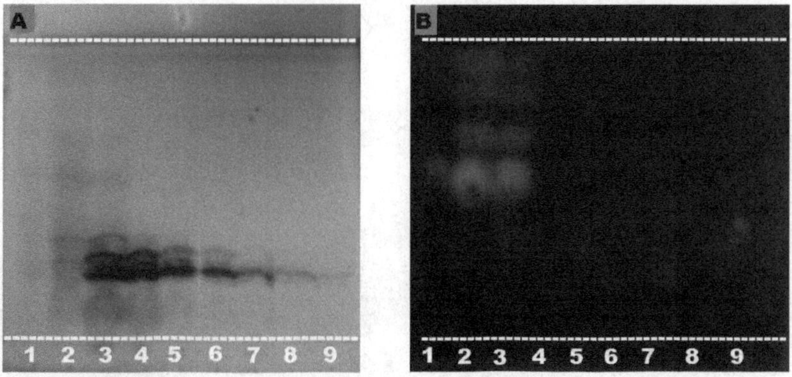

Referencias: A.- Revelado con p- anisaldehido sulfúrico. **B.-** Revelado con NP/PEG.

En las fracciones 1-3 (revelado con NP/PEG) se observaron bandas con Rfs ≥ 0,5, de colores naranja y verde-amarillo, características de monoglicósidos de flavonoles y flavonas. En las fracciones 3-9 (revelado con p-anisaldehído sulfúrico) se observaron bandas color violeta con Rfs comprendidos entre 0,22 y 0,33; la ubicación de estas (Rf < 0,5) sugiere la presencia de compuestos di o poliglicosilados, con estructura fenólica o terpénica.

Se realizó la evaluación de la actividad antifúngica (mediante ensayo de difusión en agar con discos) ejercida por las fracciones agrupadas sobre *C. albicans* ATCC 10231. La fracción A2 fue la que presento mayor actividad antifúngica, teniendo en cuenta los halos de inhibición generados, observándose zonas de inhibición "limpias" y de idéntico tamaño tanto con y sin FLU: 9,0 ± 0,2 mm. La fracción A3 generó zonas de inhibición menos definidas que las generadas por A2 (trailing) y de idéntico tamaño tanto con y sin FLU: 8,0 ± 0,1mm, mientras que A1 no presento actividad inhibitoria detectable (ausencia de halos de inhibición). Los resultados se presentan en la Figura 3.7.

Figura 3.7: Actividad antifungica ejercida por las fracciones A1-A3, obtenidas a partir del extracto n-butanólico de *A. arvensis,* sobre *C. albicans* ATCC 10231, con y sin FLU.

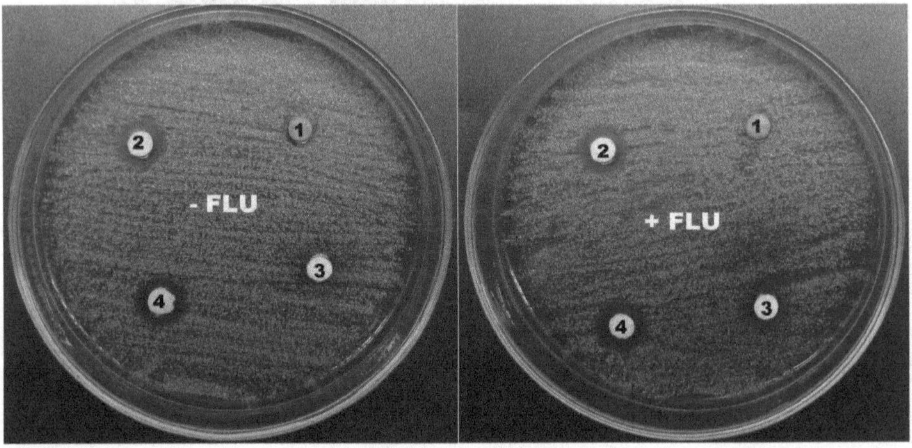

Referencias: 1.- Fracción A1, **2.-** Fracción A2, **3.-** Fracción A3, **4.-** Extracto n- butanólico.

Se continuó trabajando con el grupo A2, al cual se le realizó un nuevo fraccionamiento empleando CC con Silica Gel 60, pero efectuando la elución con gradientes de polaridad, utilizando $CHCl_3$: MeOH (9:1; 8:2; 6:4 y 5:5, todas proporciones v:v) como fases móviles. Se colectaron 17 fracciones de 50 mL cada una. En base a los comportamientos cromatográficos, evaluados mediante CCF, las sustancias eluídas fueron agrupadas en seis fracciones: 1- 8 → G1; 9- 11 → G2; 12 → G3; 13 → G4; 14 → G5; 15- 17 → G6. En la Figura 3.8 se presentan las imágenes de las CCF de las fracciones colectadas, empleando como sistema de solventes F1 y posterior revelado con p-anisaldehido sulfúrico y NP/PEG.

Figura 3.8: CCF de las fracciones colectadas. Sistema de solventes F1

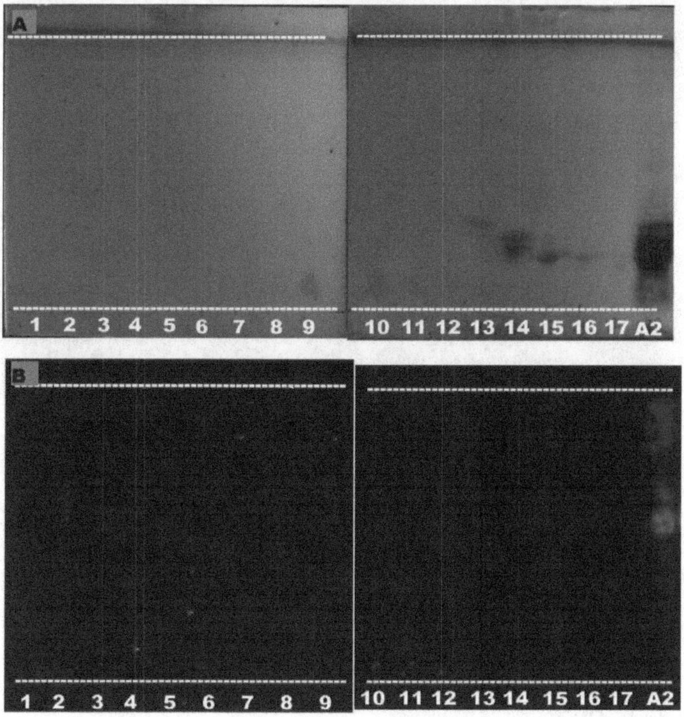

Referencias: A.- Revelado con p-anisaldehido sulfúrico; **B.-** Revelado con NP/PEG.

Se realizo la evaluación de la actividad antifúngica de los seis grupos de fracciones, mediante ensayo de difusión en agar con discos. G5 fue la que presento mayor actividad antifúngica entre las fracciones analizadas, observándose diferencias significativas en el tamaño de los halos de inhibición generados con y sin FLU ($p<0,05$), siendo más definido aquel generado en presencia de FLU, lo que sugiere la existencia de una asociación sinérgica entre uno o más compuestos de G5 con FLU.

Se realizaron pruebas de microdilución con la fracción G5, con el fin de verificar cuantitativamente el sinergismo de ésta con FLU, observado preliminarmente en ensayo de difusión. En la Figura 3.9 se presenta la lectura de los resultados.

Figura 3.9: Lectura de resultados

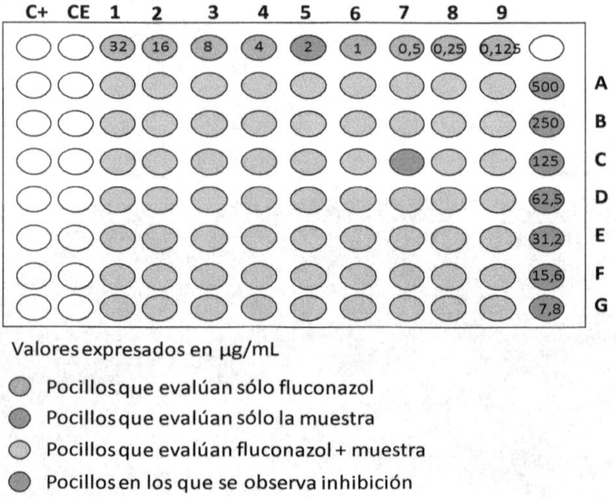

Cálculo de la CIF:

$$\text{CIF} = \frac{\text{C-CIM}_A}{\text{CIM}_A} + \frac{\text{C-CIM}_B}{\text{CIM}_B}$$

Donde:

CIF: concentración inhibitoria fraccional.

C-CIM$_A$: concentración inhibitoria mínima de la fracción G5 en la combinación.

CIM$_A$: concentración inhibitoria mínima de la fracción G5 individual.

C-CIM$_B$: concentración inhibitoria mínima de FLU en la combinación.

CIM$_B$: concentración inhibitoria mínima de FLU individual.

$$CIF = \frac{0,5}{64} + \frac{125}{500} = 0,258$$

El valor de CIM para FLU = 64 µg/mL corresponde al de una CIM-0, es decir 100% de inhibición del crecimiento. Dada la naturaleza fungistática del FLU, este valor no sería posible de generar experimentalmente, ya que la CIM del FLU se lee para el 50% de inhibición (llamada también CIM-2). Sin embargo el cálculo de la CIF exige que todos los valores de CIM correspondan a un mismo nivel de inhibición (sea 100% o 50%). Para salvar esta situación, se utilizó un criterio sugerido por Fiori y Van Dijck (2012), que para los fines de cálculos utilizan el valor de CIM-0 para FLU correspondiente a la concentración inmediatamente superior a la máxima ensayada en una proyección de la dilución serial; en nuestros experimentos dicho valor corresponde a 64 µg/mL, ya que la máxima concentración ensayada de FLU fue 32 µg/mL, de acuerdo a los lineamientos de la CLSI para cepas sensibles a FLU (CLSI, 2008), tal como *C. albicans* ATCC 10231.

Estos resultados (CIF<0,5) sugieren que existiría un efecto sinérgico entre algún componente de la muestra G5 con FLU.

Ensayo de recuento de células viables

Las levaduras expuestas a combinaciones entre FLU + G5 disminuyeron en sus viabilidades (Figura 3.10). El ensayo de recuento de células viables demostró que las combinaciones entre FLU (≥2 mg L^{-1}) + G5 (≥125 mg L^{-1}) generó una disminución de 3 unidades logarítmicas (3 log) en las células viables (líneas con cuadrados, triángulos y rombos en Figura 3.10). La viabilidad celular de la cepa *C. albicans* ATCC 10231 disminuyó desde 6,86 unidades logarítmicas (células control, no tratadas) hasta 3,45, para células expuestas a FLU (2 mg L^{-1}) + G5 (125 mg L^{-1}), es decir más de 3 unidades logarítmicas. Dado que las células ya no crecen durante el tiempo de experimentación, estos resultados sugieren que la combinación entre FLU (2 mg L^{-1}) + G5 (125 mg L^{-1}) provoca un cambio de la acción fungistática de FLU hacia una fungicida, es decir, perdida de la tolerancia de *C. albicans* al FLU. Esta disminución de 3 unidades logarítmicas también permite el uso del criterio CIM-0, tal como fue descrito por otros autores (Fiori y Van Dijck, 2012), lo que generó una CIF = 0,258, indicando una combinación sinérgica entre FLU y G5.

Figura 3.10: Ensayo de recuento de células viables

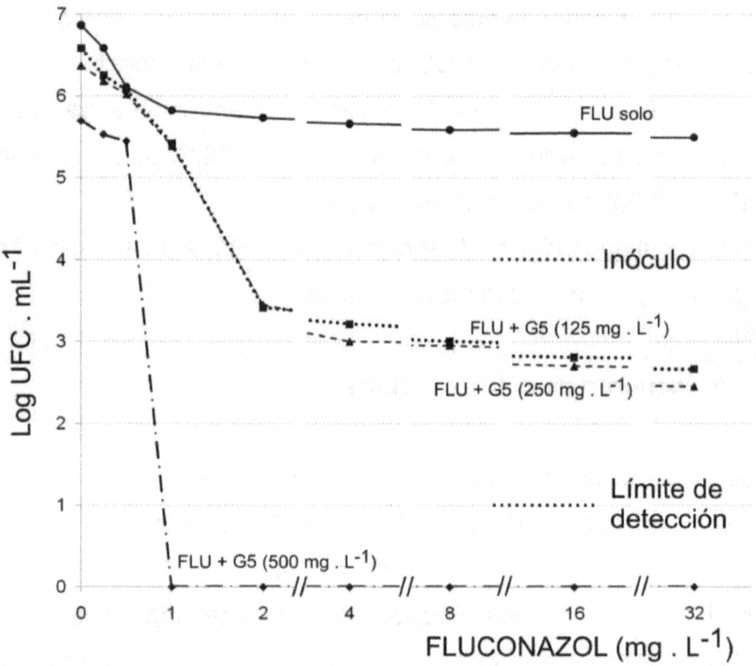

3.4. DETERMINACION ESTRUCTURAL DE METABOLITOS ACTIVOS

3.4.1. Hidrólisis

R. sativus

Luego de la hidrólisis del extracto crudo, a la fase orgánica, se le realizó una CCF utilizando como sistema de solventes F2 y como revelador NP/PEG. Se observaron bandas que coinciden en cuanto a sus posiciones (valores de Rf) y color con las generadas por las sustancias de referencia (kaempferol, quercetina y cumarina), éstos resultados nos sugieren que la muestra analizada podría contener glucósidos de kaempferol, quercetina y cumarina.

A. arvensis

Luego de la hidrólisis de G5, a la fase orgánica se le realizó una CCF utilizando como sistema de solventes F2, como revelador p- anisaldehido sulfúrico y como sustancia de referencia la muestra G5 sin hidrolizar. Las bandas generadas por la muestra hidrolizada migraron más que las generadas por la muestra sin hidrolizar, esto sugiere la presencia de glucósidos en G5. En la figura 3.11 se presenta la imagen de la CCF realizada.

Figura 3.11: CCF de G5 hidrolizado y G5 sin hidrolizar. Sistema de solvente F2, revelado con p- anisaldehido sulfúrico.

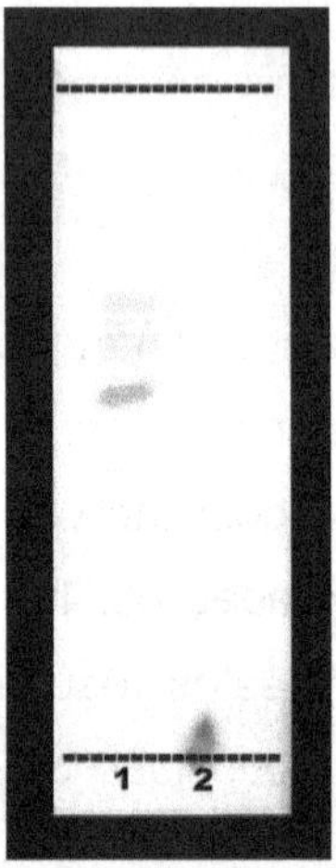

Referencias: 1.- Muestra de G5 hidrolizado; **2.-** Muestra de G5 sin hidrolizar.

Para continuar con las tareas de análisis de grupos funcionales e identificación de los metabolitos bioactivos se optó por la especie *A. arvensis*, teniendo en cuenta los siguientes criterios:

- Generó extractos con mayor bioactividad en los ensayos preliminares (difusión en agar).
- Los extractos bioactivos se obtuvieron con rendimientos superiores a los de *R. sativus.*
- Los extractos bioactivos de *A. arvensis* no presentaron problemas de solubilidad ni interferencias al ser ensayados en medio líquido; los extractos bioactivos de *R. sativus* ensayados en dichos medios generaron interferencias y precipitados que dificultaron las lecturas de los resultados.

3.4.2. Detección de grupos químicos por siembra puntual en capa fina

La muestra G5 de *A. arvensis* fue analizada mediante siembra puntual en placas de Silica Gel 60 F_{254} tipo analíticas, para la identificación de grupos químicos, empleando diferentes técnicas de revelado y sustancias de referencia.

Para la identificación de compuestos que poseen en su estructura una función reductora se empleó $FeCl_3$ como revelador y kaempferol como sustancia de referencia, los resultados obtenidos no mostraron coloración alguna en comparación con la generada por kaempferol, éstos resultados nos sugieren que la muestra analizada no posee compuestos con función reductora (resultado negativo). En cuanto a la identificación de compuestos esteroidales se utilizó como reactivo Lieberman-Burchard y como sustancias de referencia colesterol y digitonina, luego del revelado se observó coloración en la zona donde se realizo la siembra, lo que sugiere la presencia de compuestos esteroidales o del tipo saponinas en la muestra ensayada (resultado positivo). Para la identificación de compuestos alcaloides se empleó el reactivo de Dragendorff y como sustancia de referencia Nicotina, luego del revelado se pudo observar muy poca coloración en las zonas donde se realizo la siembra, lo que nos sugiere que la muestra analizada no posee compuestos tipo alcaloides (resultado negativo). Finalmente, para la detección de saponinas se empleó reactivo de sangre, luego del revelado se observo la aparición de regiones claras en las zonas donde se realizo la siembra de la muestra, esto sugiere la presencia de saponinas ya que las mismas tienen la propiedad de producir hemolisis de la sangre *in vitro* (resultado positivo). En la figura 3.12 se presentan las imágenes de los ensayos realizados.

Figura 3.12: Análisis de G5 mediante siembra puntual, empleando diferentes técnicas de revelado.

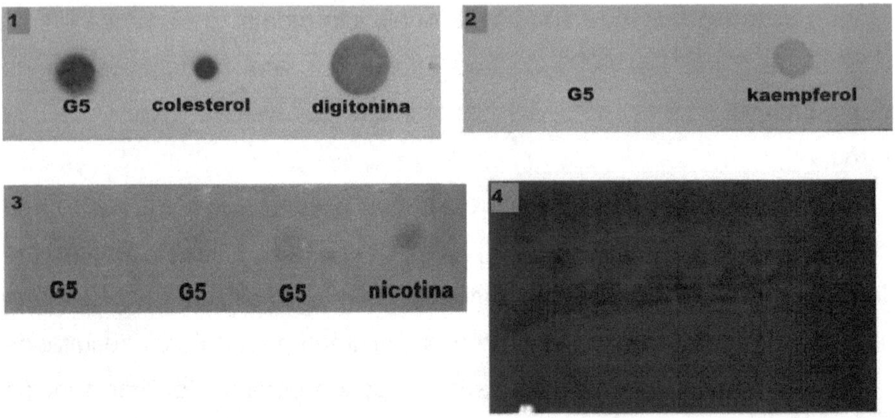

Referencia: **1.**- Revelado con Lieberman-Burchard; **2.**- Revelado con $FeCl_3$; **3.**- Revelado con Dragendorff; **4.**- Revelado con reactivo de sangre.

3.4.3. Espectrometría de masa (EM)

Se realizaron experimentos de inyección directa de los compuestos purificados, sin derivatización alguna, con el objeto de obtener las masas moleculares exactas que ayuden a elucidar la identidad de los mismos. La inyección directa de G5 generó iones moleculares tipo $[M+H]^+$ y $[M+Na]^+$ en modo positivo, y del tipo $[M-H]^-$ y $[M-H+Cl]^-$ en modo negativo, con abundancias suficientes para determinar sus masas moleculares. Los datos obtenidos se complementaron con los generados por las pruebas cromatográficas y los revelados de grupos funcionales, a los que se les sumaron antecedentes bibliográficos. Aunando esta información se pudo elucidar la estructura de 4 (cuatro) metabolitos bioactivos de la fracción G5. Se trata de glicósidos del oleanano, es decir moléculas que constan de una porción glucídica (glicón) y otra no glucídica (aglicona); esta última tiene características terpénicas. Los Terpenos son lípidos no saponificales generados por el metabolismo secundario vegetal. Derivan de la vía del acetato mevalonato, y se clasifican de acuerdo al número de unidades isopreno que contienen.

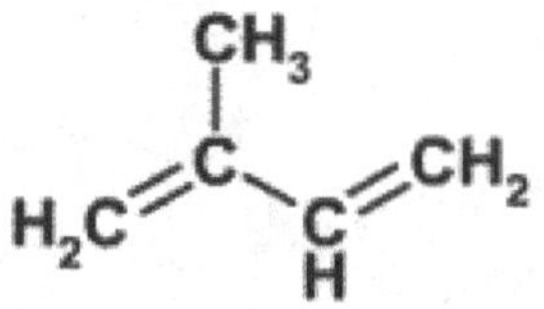

Isopreno o metilbutadieno

- **Hemiterpenos:** 1 unidad de isopreno (5 C)
- **Monoterpenos**: 2 unidades (10 C)
- **Sesquiterpenos**: 3 unidades (15 C)
- **Diterpenos**: 4 unidades (20 C)
- **Triterpenos**: 6 unidades (30 C)
- **Tetraterpenos**: 8 unidades (40 C)
- **Politerpenos**: más de 10 unidades isoprenoides

Los compuesto identificados en la fracción bioactiva G5 son glicósidos triterpénicos derivados del ácido oleanólico, cuya estructura se detalla en la figura 3.13.

Figura 3.13: Estructura química del ácido oleanólico

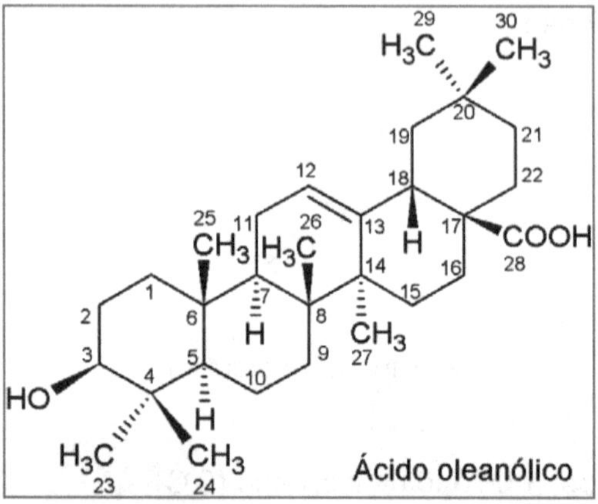

La figura 3.14 presenta los espectros de masa adquiridos experimentalmente (EMAE) para la muestra G5, y sus correspondientes asignaciones.

Figura 3.14: EMAE para la muestra G5. A) En modo positivo B) En modo negativo.

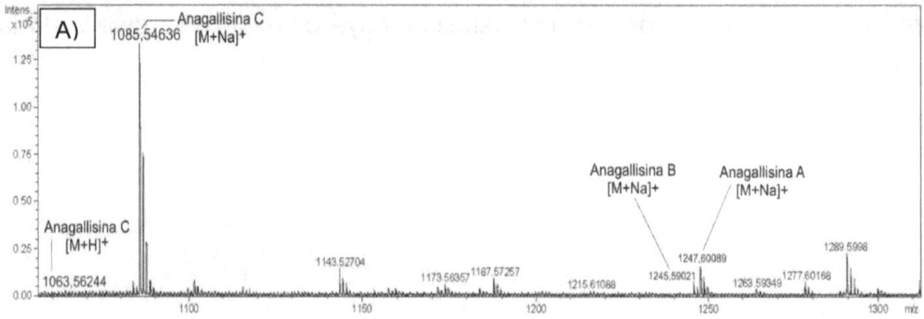

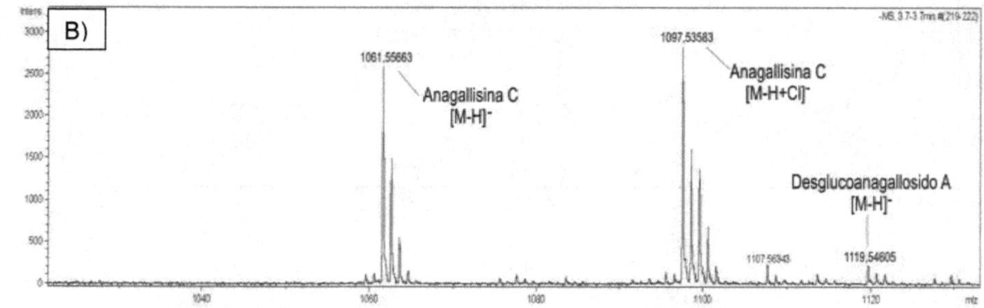

Los patrones isotópicos teóricos (calculados) para los compuestos coincidieron con los EMAE. La figura 3.15 presenta los resultados de los patrones isotópicos de Anagallisina C y Anagallisina A.

Figura 3.15: Patrones isotópicos calculados (PIC) y EMAE para los compuestos identificados a partir de G5. A) PIC para Anagallisina C. B) EMAE para Anagallisina C. C) PIC para Anagallisina A. D) EMAE para Anagallisina A.

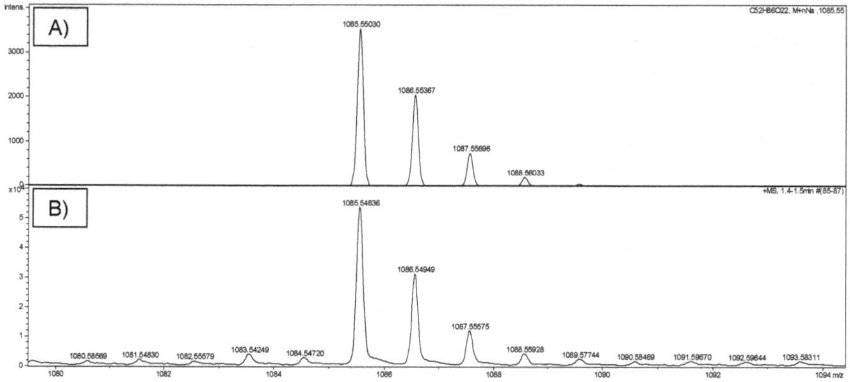

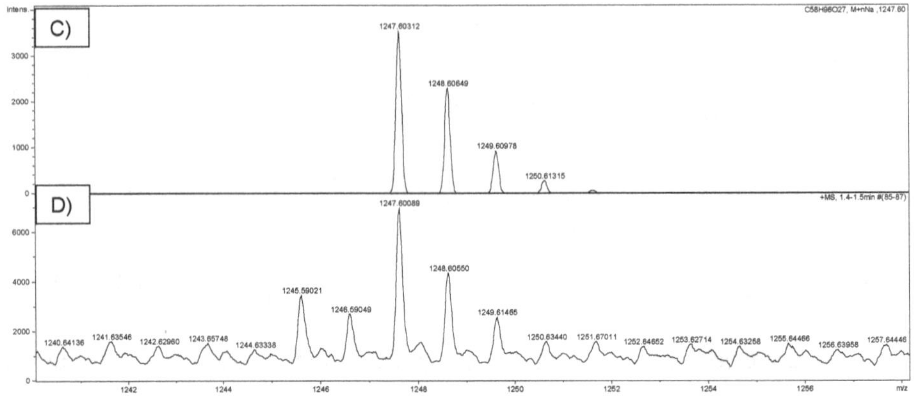

Para reconfirmar la identidad de Anagallisina C presente en G5, se realizaron experimentos de ESI-EM-EM a los correspondientes iones moleculares, tanto en modo positivo como negativo. En los espectros generados se pudieron observar diversos iones que surgen principalmente de fragmentaciones en las uniones glicosídicas de la porción glucídica, además de los respectivos iones moleculares. La Figura 3.16 presenta los resultados generados en dichos experimentos, y las correspondientes asignaciones en cada señal.

Figura 3.16: Experimentos ESI-EM-EM generados a partir de Anagallisina C presente en G5. A) En modo positivo (especie seleccionada: $[M+Na]^+$). B) En modo negativo (especie seleccionada: [M-H]-).

A)

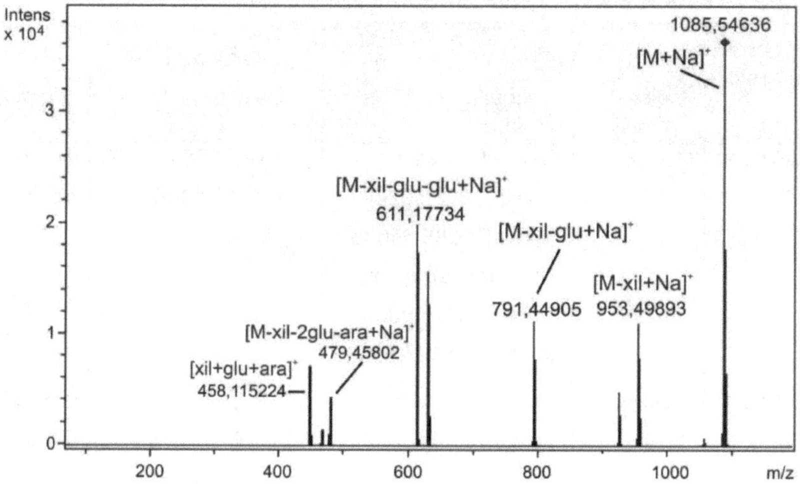

B)

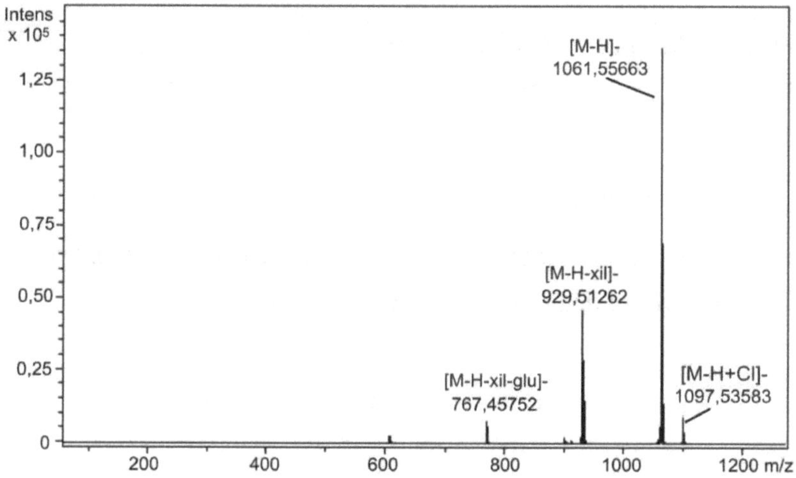

A partir de las masas moleculares experimentales exactas de los compuestos bioactivos de G5, se calcularon las formulas moleculares y sus masas moleculares teóricas usando el Software Chemcalc (Patiny, L y Borel, 2013 - www.chemcalc.org). La tabla 3.5 resume los datos espectrales.

Tabla 3.5: Datos espectrales de los compuestos identificados a partir de G5.

Compuesto	Formula molecular	Masa molecular experimental (Da)	Masa molecular calculada (Da)	Intensidad de señal
Anagallisina C	$C_{52}H_{86}O_{22}$	*En modo positivo*: $[M+H]^+$ 1063,56244 ; $[M+Na]^+$ 1085,54636 ; *En modo negativo*: [M-H]- 1061,55663 ; [M-H+Cl]- 1097,53583	$[M+Na]^+$:1085,55030 [error: 3,6 ppm]	$[M+Na]^+$: 53728
Anagallisina A	$C_{58}H_{96}O_{27}$	*En modo positivo*: $[M+Na]^+$ 1247,60089	$[M+Na]^+$: 1247,60312 [error: 1,8 ppm]	$[M+Na]^+$: 6993
Anagallisina B	$C_{58}H_{94}O_{27}$	*En modo positivo*: $[M+Na]^+$ 1245,59021	$[M+Na]^+$: 1245,58802 [error: 1,8 ppm]	$[M+Na]^+$: 3487
Desgluco-anagallosido A	$C_{54}H_{88}O_{24}$	*En modo negativo*: $[M-H]^-$ 1119,54605	$[M-H]^-$: 1119,55873 [error: 1,2 ppm]	$[M-H]^-$: 489

La Tabla 3.6 presenta los nombres comunes y sistemáticos de los compuestos identificados a partir de G5.

Tabla 3.6: Nombres comunes y sistemáticos de los compuestos identificados a partir de G5.

Compuesto	Nombre común	Nombre sistemático
1	Anagallisina C	(3β,16α)-16,23-Dihidroxi-13,28-epoxioleanan-3-il β-D-glucopiranosil-(1→2)-[β-D-xilopiranosil-(1→2)-β-D-glucopiranosil-(1→ 4)]-α-L-arabinopiranosido
2	Anagallisina A	(3β,16α)-16,23-Dihidroxi-13,28-epoxioleanan-3-il-β-D-glucopiranosil-(1→4)-β-D-glucopiranosil-(1→2)-[β-D-xilopiranosil-(1→2)-β-D-glucopiranosil-(1→4)]-α-L-arabinopiranosido
3	Anagallisina B	(3β)-23-Hidroxi-16-oxo-13,28-epoxioleanan-3-il-β-D-glucopiranosil-(1→4)-β-D-glucopiranosil-(1→2)-[β-D-xilopiranosil-(1→2)-β-D-glucopiranosil-(1→4)]-α-L-arabinopiranosido
4	Desglucoanagallosido A	(22α)-22-acetil-(3β,16α)-16,28-dihidroxi-13,28-epoxioleanan-3-il β-D-glucopiranosil-(1→2)-[β-D-xilopiranosil-(1→2)-β-D-glucopiranosil-(1→4)]-α-L-arabinopiranosido

Las estructuras químicas de los metabolitos identificados a partir de G5 se presentan en la figura 3.17.

Figura 3.17: Estructura química de los metabolitos identificados a partir de G5.

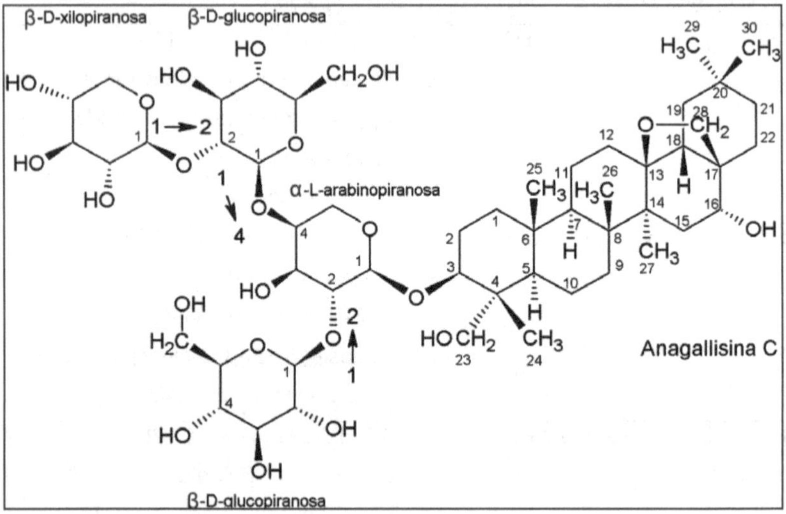

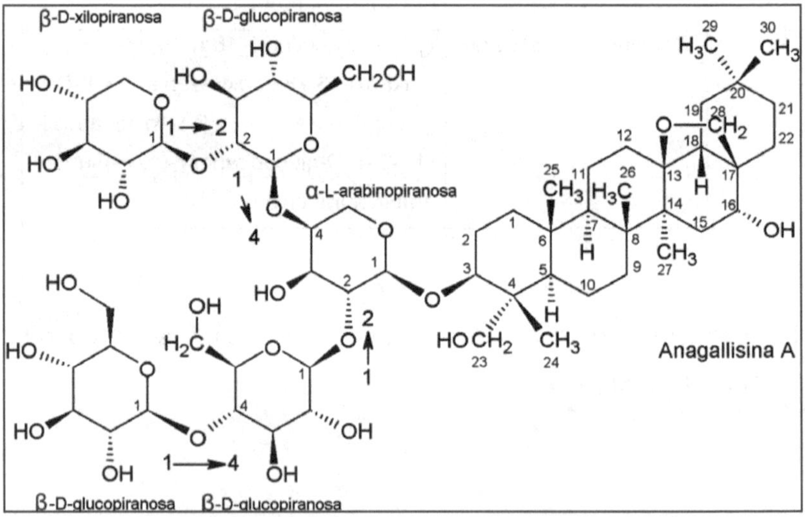

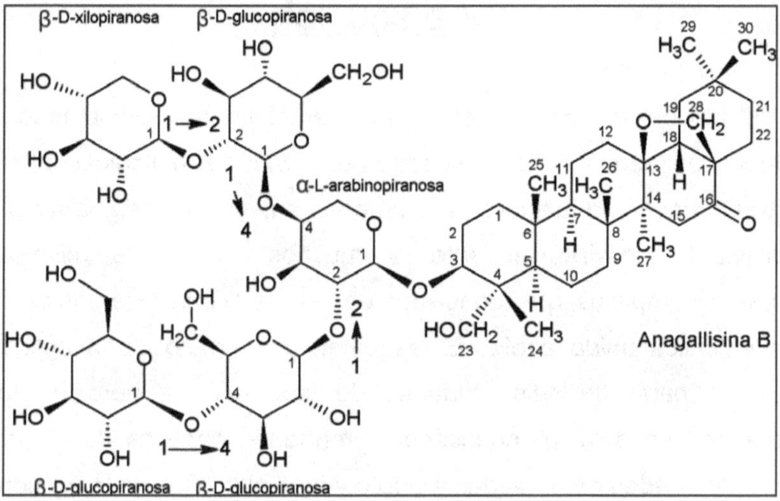
β-D-xilopiranosa
β-D-glucopiranosa
α-L-arabinopiranosa
β-D-glucopiranosa
β-D-glucopiranosa
Anagallisina B

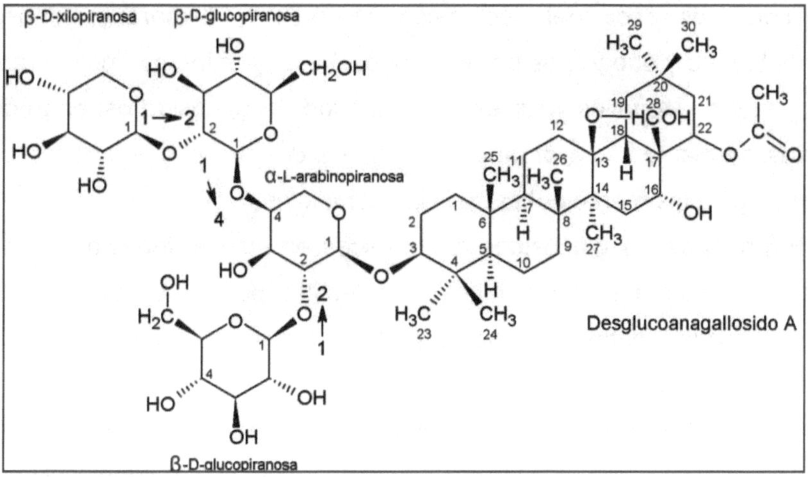
β-D-xilopiranosa
β-D-glucopiranosa
α-L-arabinopiranosa
β-D-glucopiranosa
Desglucoanagallosido A

4. DISCUSION

Los glucósidos triterpenicos están ampliamente distribuidos en la naturaleza y poseen un amplio espectro de actividades biológicas tales como hemolítica, inmunomoduladora, antitumoral, anti-inflamatoria, antidiabética, antimicrobiana, antiviral, sedante, y muchos otros. Los mismos son compuestos complejos que consisten en una aglicona triterpenica, y una porción glucidica unida a ella. El esqueleto carbonado de la aglicona se construye a partir de seis unidades de isopreno. La porción glucidica incorpora de uno a 13 monosacáridos, formando cadenas de hidratos de carbono que pueden estar unidas a uno o varios hidroxilos de la aglicona.

Estos glucósidos se dividen en grupos de acuerdo con la estructura de la aglicona, es decir del tipo oleanano, ursano, damarano, lanostano, gopano, lupano y subgrupos de holostano. En las plantas son producidos en flores, fruta, hojas, tallos y raíces. El contenido de glucósido depende de las especies de plantas, sus órganos, la fase de desarrollo, y el hábitat. Están presentes principalmente como mezclas complejas.

El papel de los glucósidos triterpénicos en plantas todavía no ha sido investigado. Podría ser una función protectora porque ciertos glucósidos poseen actividad antialimentaria o podrían tener un papel regulador del crecimiento (Azimova, 2013).

En nuestros experimentos encontramos mayor actividad antifúngica sobre *C. albicans* en el extracto etanólico de *A. arvensis*. Nuestros resultados, al igual que los generados por Lopez y col. (2011), contradicen los obtenidos por Ali-Shtayeh y col. (1998); estos últimos encontraron que el extracto acuoso de *A. arvensis* posee mayor actividad antifúngica sobre *C. albicans* que el extracto etanólico, mientras que Lopez y col. (2011) hallaron actividad solamente en el extracto metanólico. Cabe señalar que en estos trabajos se emplearon medios de cultivo diferentes de los sugeridos por CLSI

(2008), no se evaluaron asociaciones entre los extractos con FLU (ni con otro antifungico comercial), y tampoco se realizaron elucidaciones estructurales de los metabolitos bioactivos.

Lopez y col. (2011) sugirieron que las saponinas (descritas previamente en dicha especie) podrían ser responsables de la actividad antifúngica. Nuestros resultados confirman esta conjetura, ya que los metabolitos bioactivos que identificamos en G5 tienen estructura triterpénica, del tipo saponinas. Las saponinas son conocidas por interaccionar con los constituyentes de las membranas celulares, tales como esteroles, proteínas y fosfolipidos; la interacción provoca destrucción de la membrana celular, incrementando la permeabilidad iónica, lo que lleva a un daño celular (Bruneton, 2001).

Entre los compuestos identificados de la fracción seleccionada, solamente se le ha reportado actividad antifúngica a Anagallisina C, sobre la cepa *Aspergillus flavus* (Xia y col. 2013). No hemos hallado antecedentes referidos a la actividad de Anagallisina C sobre *C. albicans*, ni del resto de los metabolitos identificados sobre cepa fungica alguna. Otros autores han realizado experimentos con saponinas derivadas de hojas de *Rapanea melanophloeos* (Myrsinaceae), sobre el hongo fitopatógeno *Cladosporium cucumerinum*. El metabolito de mayor actividad antifungica poseía la unión epoxi entre los carbonos 13β y 28 de la aglicona (protoprimulagenina), mientras que los derivados carentes de dicha estructura no presentaron actividad antifungica (Ohtani y col., 1993). Si bien estos autores usaron una cepa fitopatógena, brindaron un dato estructural relevante en relación a la actividad antifungica, que podría hacerse extensivo a levaduras patógenas humanas, como las del género *Candida*. Los metabolitos antifungicos derivados de G5 tambien poseen la unión epoxi entre los carbonos 13β y 28 de la aglicona, lo que sugiere que su presencia sería relevante para el efecto biológico estudiado.

5. CONCLUSIONES

- El extracto etanólico de *R. sativus* y los extractos etanólico e infusión de *A. arvensis* presentaron actividad antifúngica sobre *C. albicans*. Estos resultados validan el uso tradicional de estas especies vegetales.

- El extracto etanólico de *A. arvensis* presentó la mayor actividad antifúngica entre las muestras ensayadas; dicha actividad se incrementó en presencia de FLU.

- Se seleccionó la subfracción n-butanólica del extracto etanólico de *A. arvensis* para la etapa de purificación guiada por actividad biológica.

- El grupo G5 (obtenido desde la subfracción n-butanolica) presentó mayor actividad antifúngica. Se observaron diferencias significativas entre los halos de inhibición generados con y sin FLU ($p<0,05$).

- Los resultados obtenidos mediantes las pruebas de microdilución (CIF<0,5) permitieron comprobar la existencia de una asociación sinérgica entre FLU y uno o más componentes de G5. Dicha asociación convierte al FLU en una droga fungicida.

- Los compuesto identificados en la fracción bioactiva G5 son glicósidos triterpénicos derivados del ácido oleanólico. Sus nombres comunes son: Angallisina A, Anagallisina B, Anagallisina C y Desglucoanagallosido A.

- De acuerdo a los antecedentes, este estudio permitió revelar por primera vez la asociación entre dichos metabolitos, con actividad antifúngica sobre *C. albicans*.

- Anagallisina C es el componente mayoritario de G5. Este metabolito solo fue descrito con actividad antifúngica sobre cepas de *Aspergillus flavus* (Xia y col. 2013).

➢ *Anagallis arvensis* constituye un fuente promisoria de sustancias bioactivas con potenciales aplicaciones terapéuticas, de acuerdo a los antecedentes etnobotánicos y a los resultados obtenidos con los ensayos *in vitro* realizados en el presente trabajo de Tesis.

➢ El estudio de los usos populares de las plantas autóctonas brinda aportes significativos para la identificación de metabolitos útiles responsables tanto de las actividades biológicas estudiadas, como de otras posibles acciones de interés para la industria química, agroquímica, farmacéutica, cosmética, etc.

➢ Gran parte de nuestros resultados junto con las metodologías desarrolladas para las validaciones científicas fueron objeto de publicaciones en Congresos y Jornadas de investigación:

- XV Jornadas Científicas y Encuentro de Jóvenes Investigadores "Augusto E. Palavecino" (de 19/11 a 21/11 de 2014). En carácter de autor – expositor del trabajo: "**Actividad antifúngica ejercida por extracto de *Anagallis Arvensis* sobre *Candida Albicans***".
- XXX Jornadas Científicas de la Asociación de Biología de Tucumán (de 09/10 a 11/10 de 2013). En carácter de coautor del trabajo: "**Actividad antifúngica del extracto etanólico de *Rapahnus sativus* sobre *Candida albicans*"**

6. PROYECCIONES

- Realizar el aislamiento de los compuestos encontrados en G5 mediante técnicas de HPLC.

- Evaluar la actividad antifúngica de cada compuesto sobre el crecimiento de levaduras patógenas humanas del género *Cándida,* tanto de modo individual como en combinación con FLU.

- Realizar la hidrólisis del/los compuesto/s activo/s para evaluar la actividad antifúngica de la aglicona en comparación con la del glicósido.

- Estudiar el modo de acción antifungica del/los compuesto/s activo/s, e identificar el/los blanco/s de acción.

- Estudiar la toxicidad del/los compuesto/s activo/s mediante pruebas *in vitro* e *in vivo.*

7. BIBLIOGRAFIA

Abdou I.A., Abou-Zeid A. A., El-Sherbeeny, and Abou-El-Gheat Z. H. (1972). Antimicrobial activities of Allium sativum, Allium cepa, Raphanus sativus, Capsicum frutescens, Eruca sativa, Allium kurrat on bacteria. Qualitas Plantarum et Materiae Vegetabiles, vol. 22, no. 1. Pp: 29–35.

Abraham, C., Amoros, M. and Girre, L. (1983). Antifungal activity of higher plants: action of 39 indigenous plants on 4 phytopathogenic fungi. Annales pharmaceutiques françaises. **41**: 60- 251.

Abu-Elteen K.H. and Hamad, M. (2005). Chapter 8: Antifungal agents for use in human therapy. In Fungi: Biology and Applications, Kavanagh, K. ed. ISBN: 0-470-86701-9. John Wiley & Sons, Ltd, Chichester, United Kingdom. Pp: 191-217.

Akins, R.A. (2005). An update on antifungal targets and mechanisms of resistance in Candida albicans. Medical Mycology **43**: 285-318.

Al-Abed, A. S., Qasem, J. R. and Abu-Blan, H. A. (1993) Antifungal effects of some common wild plant species on certain plant pathogenic fungi. Dirasat (Pure Appl. Sciences) **20**: 149–158.

Ali-Shtayeh, M. S., Yaghmour, Reem, M.-R., Faidi, Y. R., Salem, Kh. and Al-Nuri, M. A. (1998) Antimicrobial activity of twenty plants used in folkloric medicine in the Palestinian area. J. Ethnopharmacol. **60**: 265–271.

Ali-Shtayeh, M.S. and Abu Ghdeib, S.I.. (1999). Antifungal activity of plant extracts against dermatophytes. Mycoses **42**: 665-672.

Amoros, M.; Fauconnier, B. and Girre, L. (1979). Antiviral properties of the scarlet pimpernel, Anagallis arvensis. Plantes Medicinales et Phytotherapie **13**: 122-133.

Arenas Guzmán, R. (2008) Micología médica ilustrada 3ª Ed. McGraw-Hill interamericana, México. Pp: 218-237.

Azimova, S.S. (2013). Natural Compounds: Triterpene Glycosides, Plant Sources, Structure and Properties. Springer Science - Business Media, New York.

Barboza, G. E., Cantero, J. J., Núñez, C., Pacciaroni, A. and Ariza Espinar, L. (2009). Medicinal Plants: a general review and a phytochemical and ethnopharmacological screening of the native argentine flora. Kurtziana **34**: 7-365.

Borghi E., Iatta, R., Sciota, R., Biassoni, C., Cuna, T., Montagna, M.T. and Morace, G. (2010). Comparative evaluation of the Vitek 2 yeast susceptibility test and CLSI broth microdilution reference method for testing antifungal susceptibility of invasive fungal isolates in Italy: the GISIA3 study. Journal of Clinical Microbiology **48** (9): 3153-3157.

Brasseur T. and Angenot, L. (1986). Le mélange diphénylborate d'aminoéhanol - PEG 400. Un intéressant réactif de révélation des flavonoïdes. Journal of Chromatography **351**: 351-355.

Bruneton, J., (2001). Farmacognosia, Fitoquímica, Plantas Medicinales. Acribia, Zaragoza. Pp: 663–712.

Canton, E., Pemán, J., Viudes, A., Quindós, G., Gobernado, M. and Espinel-Ingroff, A. (2003). Minimum fungicidal concentrations of amphotericin B for bloodstream Candida species. Diagnostic Microbiology and Infectious Disease **45**: 203–206.

Chaturvedi,V., Ramani, R, Ghannoum, M.A., Killian, S.B., Holliday, N., Knapp, C., Ostrosky-Zeichner, L., Messer, S.A., Pfaller, M.A., Iqbal, N.J., Arthington-Skaggs, B.A., Vazquez, J.A., Sein, T., Rex, J.H. and Walsh, T.J. (2008). Multilaboratory testing of antifungal combinations against a quality control isolate of Candida krusei. Antimicrobial Agents and Chemotherapy **52**: 1500-1502.

Clinical Laboratory Standards Institute (CLSI) protocols. (2008a). Reference method for broth dilution antifungal susceptibility testing of yeasts.

Approved standard - Third Edition, M27-A3. National Committee for Clinical Laboratory Standards, Wayne, PA. ISBN: 1562386662

Clinical Laboratory Standards Institute (CLSI) protocols. (2008b). Reference method for broth dilution antifungal susceptibility testing of yeasts. Third Informational Supplement M27-S3. National Committee for Clinical Laboratory Standards, Wayne, PA.

Comité de Medicamentos de la Asociación Española de Pediatría. Pediamécum. Edición 2012. Fluconazol. Disponible en: http://www.pediamecum.es. Consultado en (20/10/14).

Cornistein, W., Mora, A., Orellana, N., Capparelli, F. and del Castillo, M. (2013). Candida: epidemiología y factores de riesgo para especies no albicans. Enfermedades Infecciosas Microbiología Clinica. **31**(6):380-4.

Cuenca-Estrella, M. and Rodriguez-Tudela, J.L. (2007). Capitulo 3: Elección de especies fúngicas para el panel de pruebas antifúngicas. En: Manual de técnicas in vitro para la detección de compuestos antifúngicos. 1ª Ed. Zacchino, S.A. and Gupta, M.P., eds. Corpus Editorial y Distribuidora, Rosario, Santa fe, Argentina. Pp: 15-25.

Derita, M.G., Leiva, M.L. and Zacchino, S.A. (2009). Influence of plant part, season of collection and content of the main active constituent, on the antifungal properties of Polygonum acuminatum Kunth. Journal of Ethnopharmacology **124**: 377-383.

Espinel-Ingroff, A., Barchiesi, F., Cuenca-Estrella, M., Fothergill, A., Pfaller, M.A., Rinaldi, M., Rodriguez-Tudela, J.L. and Verweij, P.E. (2005). Comparison of visual 24-hour and spectrophotometric 48-hour MICs to CLSI reference microdilution MICs of fluconazole, itraconazole, posaconazole, and voriconazole for Candida spp.: a collaborative study. Journal of Clinical Microbiology **43**: 4535-4540.

Farmacopea Argentina – Codex Medicamentarius Argentino (2011). 8ª Ed. Volumen **1** -Pp: 512. Disponible en versión digital en www.anmat.gov.ar. Acceso el **25/06/2013.**

Farmacopea Nacional Argentina (1978). Codex Medicamentarius Argentino. 6ª Ed. Editorial Codex S.A. Buenos Aires. Argentina

Fiori, A. and Van Dijck, P. (2012). Potent Synergistic Effect of Doxycycline with Fluconazole against Candida albicans Is Mediated by Interference with Iron Homeostasis. Antimicrobial Agents Chemother **56**(7):3785-3796.

García-Segura, J.M., Gavilanes, J.G., Martinez del Pozo, A., Montero, F., Oñaderra, M. and Vivanco, F. (1996). Técnicas Instrumentales de Análisis en Bioquímica. Editorial Síntesis, S.A. Madrid (España). Pp: 291-382.

Gross, J. H. (2011). Mass Spectrometry 2ª Ed. Springer-Verlag Berlin Heidelberg.

Instituto de botánica Darwinion. www.darwin.edu.ar. Consultado en 17/10/2014.

Ishikura, N. (1981). Flavonoids in the Petal Cells of Anagallis arvensis f. coerulea containing a blue Crystalline Anthocyanin. Z. Pjlanzenphysiol. Bd. 103. S. 469-473.

Kapoor, L.D., (2000). Handbook of Ayurvedic Medicinal Plants. CRC Press, Boca Raton; Florida. Pp. 1-424.

Kawashty, S.A., El-Garf, I.A. and El-Negoumy, S.I. (1998). Chemosystematics of Anagallis arvensis L. (Primulaceae). Biochemical Systematics and Ecology **26**: 663–668.

Kong, D.-X., Li, X.-J. and Zhang, H.-Y. (2009). Where is the hope for drug discovery? Let history tell the future. Drug Discovery Today **14**: 115-119.

Koshimizu, K., Ohigashi, H., Tokuda, H., Kondo, A. and Yamaguchi, K. (1988). Screening of edible plants against possible anti-tumor promoting activity. Cancer Lett, **39**: 247-57.

López, V, Jäger, A. K., Akerreta, S., Cavero, R. Y., and Calvo, M. I. (2011) Pharmacological properties of Anagallis arvensis L. ("scarlet pimpernel") and Anagallis foemina Mill. ("blue pimpernel") traditionally used as wound healing remedies in Navarra (Spain). Journal of Ethnopharmacology **134**: 1014–1017.

Markham, K.R. (1982). Techniques of flavonoid identification - Biological Techniques Series. Treherne, J.E. and Rubery, P.H. (series eds.). Academic Press. London, New York, Paris, San Diego, San Francisco, Sao Paulo, Sydney, Tokyo, Toronto.

Merck, (1972). Reactivos de coloración para cromatografías en capa fina y en papel. Editorial Merck, Darmstadt, Alemania, 18.

Mi herbolario. http://www.miherbolario.com/articulos/salud/6/candida-albicans-un-hongo-oportunista. Consultado en 18/10/14.

Nadkarni K.M., Nadkarni A.K. and Chopra R.N.(1976). Popular Prakashan: Bombay. Indian Materia. Medica. **1**:1031–1035

Odds, F.C. and R. Bernaerts. (1994). CHROMagar Candida, a New Differentiation isolation Medium for Presumptive Identification of Clinically Important Candida Species. J.C.M. **32**: 1923-1929.

Ohtani, K., Mavi, S., and Hostettmann, K. (1993), Molluscicidal and antifungal triterpenoid saponins from Rapanea melanophloeos leaves, Phytochemistry. **33**:83.

Palevitch, P.D. and Yaniv, Z. (1991). Medicinal Plants of Hollyland, vols. 1–2. Tammuz, Tel-Aviv.

Pappas, P.G., Kauffman, C.A., Andes, D., Benjamin Jr., D.K., Calandra, T.F., Edwards Jr., J.E., Filler, S.G., Fisher, J.F., Kullberg, B.-J., Ostrosky-Zeichner, L., Reboli, A.C., Rex, J.H., Walsh, T.J. and Sobel, J.D. (2009). Clinical practice guidelines for the management of candidiasis: 2009. Update by the Infectious Diseases Society of America. Clinical Infectious Diseases **48**: 503-535.

Pappas, P.G., Rex, J.H., Sobel, J.D., Filler, S.G., Dismukes, W.E., Walsh, T.J. and Edwards, J.E. (2004). Guidelines for Treatment of Candidiasis. Clinical Infectious Diseases **38**: 161-189.

Patiny, L. and Borel, A. (2013). ChemCalc: A Building Block for Tomorrow's Chemical Infrastructure. Journal of Chemical Information and Modeling **53** (5): 1223-1228.

Pérez Gutiérrez, R.M. and Perez, R.L. (2004). Raphanus sativus (Radish): Their Chemistry and Biology. The Scientific World Journal **4**: 811-837.

Prahoveanu, E. and Esanu, V. (1987). Immunomodulation with natural products. I. Effect of an aqueous extract of Raphanus sativus niger on experimental influenza infection in mice. Virologie. 1987 Apr-Jun; **38**: 20-115.

Quiroga, E.N., Sampietro, D.A., Soberón, J.R., Sgariglia, M.A. and Vattuone, M.A. (2006). Propolis from the Northwest of Argentina as a source of antífungal principies. Journal of Applied Microbiology **101**: 103-110.

Rondina, R., Bandoni, A. and Coussio, J. (2010). Argentine medicinal plants with potential antifungal activity. Dominguezia **26**(1). Pp 31-39.

Sanglard, D., Coste, A. and Ferrari, S. (2009). Antifungal drug resistance mechanisms in fungal pathogens from the perspective of transcriptional gene regulation. Federation of European Microbiological Societies (FEMS) Yeast Research **9**: 1029-1050.

Sgariglia, M. A., Soberón, J. R., Sampietro, D. A. and Vattuone, M. A**.** (2011). "Chapter 3. PC and TLC analysis" En: Soil Allelochemicals. Szajdak, L. and Sampietro, D.A., editores. Narwal, S. S., series editor. Studium Press LLC, Houston, Texas, USA. ISBN 1-933699-65-5. Pp: 55-85.

Sgariglia, M.A., Soberón, J.R., Sampietro, D.A., Quiroga, E.N. and Vattuone, M.A. (2009) Chapter 15: Bioassays on Microorganisms - Antifungal and antibacterial activities. In: Isolation, Identification and Characterization of allelochemicals/Natural Products. Eds. Catalán, C.A.N., Sampietro, D.A.,

Vattuone, M.A. and Narwal, S.S., series editor. Einfield, New Hampshire, USA: Science Publishers Inc. Pp. 429–458.

Sgroi, N.A., Selis de Orsi, A.N., Sgariglia, M.A., Soberón, J.R. and Vattuone, M.A. (2010). Fraccionamiento biodirigido de un extracto etanólico del nabón (Raphanus sativus L.) su acción frente a hongos patógenos de la frutilla. Libro de actas de XXVII Jornadas Científicas de la Asociación de Biología de Tucumán. Pp. 151.

Sgroi, N.A., Selis, A.N., Sgariglia, M.A., Soberón, J.R. and Vattuone, M.A. (2011). Fractionation biodirected of an ethanoic extract of nabon (Raphanus sativus l.). It's action against pathogenic fungies of strawberry. Biocell **35**: A144.

Shoji, N., Umeyama, A., Yoshikawa, K. and Arihara, S. (1994). Triterpenoid glycosides from Anagallis arvensis. Phytochemistry **37**: 1397–1402.

Shukla, S., Chatterji, S., Yadav, D.K. and Watal, G. (2011). Antimicrobial efficacy of Raphanus sativus root juice. International Journal of Pharmacy and Pharmaceutical Sciences **3**: 89-92.

Sistema de Información de Biodiversidad (SIB). www.sib.gov.ar. Consultado en 17/10/2014.

Smolenski, G., Sullivan, P.A., Cutfield, S.M. and Cutfield, J.F. Analysis of secreted aspartic proteinases from Candida albicans: purification and characterization of individual Sapl, Sap2 and Sap3 isoenzymes. Microbiology **143**: 349-356.

Soberón, J.R., Sgariglia, M.A., Sampietro, D.A., Quiroga, E.N. and Vattuone, M.A. (2007). Antibacterial activity of plant extracts from northwestern Argentina. Journal of Applied Microbiology. **102**: 1450-1461.

Soberón, J.R., Sgariglia, M.A., Sampietro, D.A., Quiroga, E.N., González Sierra, M. and Vattuone, M.A. (2010). Purification and identification of antibacterial phenolics from Tripodanthus acutifolius leaves. Journal of Applied Microbiology **108**: 1757-1768.

Thomas, E., Vandebroek, I., Van Damme, P., Goetghebeur, P., Douterlungne, D., Sanca, S. and Arrazola, S. (2009). The relation between accessibility, diversity and indigenous valuation of vegetation in the bolivian andes. Journal of Arid Environments **73**: 854-861.

Vermes, A., Guchelaar, H.-J. and Dankert, J. (2000). Flucytosine: a review of its pharmacology, clinical indications, pharmacokinetics, toxicity and drug interactions. Journal of Antimicrobial Chemotherapy **46**: 171-179.

Wagner, H and Ulrich-Merzenich, G. (2009). Synergy research: approaching a new generation of phytopharmaceuticals. Phytomedicine **16**: 97-110.

Wagner, H. and Bladt, S. (1996). Plant Drug Analysis. A Thin Layer Chromatography Atlas. 2ª Ed. Springer-Verlag, Berlin, Heidelberg, Germany.

Wagner, H., Bladt, S. and Zgainski, E.M. (1984). Plant Drug Analysis. Springer-Verlag. Berlin-Heidelberg, New York, Tokyo.

Walsh, T.J., Teppler, H., Donowitz, G.R., Maertens, J.A., Baden, L.R., Dmoszynska, A., Cornely, O.A., Bourque, M.R., Lupinacci, R.J., Sable, C.A. and de Pauw, B.E. (2004). Caspofungin versus liposomal Amphotericin B for empirical antifungal therapy in patients with persistent fever and neutropenia. The New England Journal of Medicine **351**: 1391-1402.

White, T.C., Holleman, S., Dy, F., Mirels, L.F. and Stevens, D.A. (2002). Resistance mechanisms in clinical isolates of Candida albicans. Antimicrobial Agents and Chemotherapy **46**: 1704-1713.

Xia, X., Wei, X. and Lin, L. (2013). Triterpenoid saponins from Lysimachia candida Lindl. Pharmacognosy Journal **5**: 119-122.

Yaghmour, R. (1997). Antimicrobial activity of 20 plants used in folkloric medicine in Palestine. MSc Thesis, An-Najah National University, Nablus.

Zacchino, S.A. (2007). Capitulo 1: Búsqueda de compuestos antifúngicos. En: Manual de técnicas in vitro para la detección de compuestos antifúngicos. 1ª Ed. Zacchino, S.A. and Gupta, M.P., eds. Corpus Editorial y Distribuidora, Rosario, Santa fe, Argentina. Pp: 1-4.

Zacchino, S.A. (2010). Different strategies for the detection of antifungal compounds from the Argentinean vegetal biodiversity. Conferencia en mesa redonda: Farmacología, Actividad Biológica y Toxicología. Libro de resúmenes del X Simposio Argentino – XIII Simposio Latinoamericano de Farmacobotánica. Córdoba, Córdoba, Argentina. Pp 43.

FSC
www.fsc.org
MIX
Papier | Fördert
gute Waldnutzung
FSC® C083411

Kolibri 360 GmbH
Ferdinand-Jühlke-Straße 7
99095 Erfurt, Deutschland
produktsicherheit@kolibri360.de

Druck:
CPI Druckdienstleistungen GmbH
im Auftrag der
Kolibri 360 GmbH
Ferdinand-Jühlke-Str. 7
99095 Erfurt